高职院校公共课系列"十二五"规划教材

应 用 数 学

主 编 陶燕芳 胡 芬
副主编 贺彰雄 王欣欣
主 审 侯谦民

武汉大学出版社

编写委员会

主　任　马发生
副主任　胡　炼　苏　龙
委　员　马发生　胡　炼　苏　龙　侯谦民　官灵芳
　　　　　陈　卉　李胜林　平　怡　代　莹　韩淑萍
　　　　　陶燕芳　胡　芬　王欣欣　贺彰雄　卢小萱

前　言

为了适应高职高专教育发展的需要，结合高职高专应用数学的教学特点，我们经过多年改革和探索编写了本教材.

本教材的内容包括：基础数学、专业数学和兴趣数学三大模块. 其中，基础数学模块是所有专业的基础内容，主要内容为一元函数微积分及其应用. 专业数学模块根据不同专业的不同需求，设置概率统计、二元函数的偏导数及其应用、线性代数和图论四个内容. 兴趣数学模块安排了MATLAB数学软件和数学建模，以数学实验进行能力实训，以数学建模案例强化学生应用数学知识解决实际问题的能力.

本书的编写力求体现高职高专应用数学特色，大体可归纳为以下几点：

第一，"模块分割，案例引入". 跳出严谨的数学体系，使用模块化教学. 通过案例引入问题，缩短知识点与实际问题的距离.

第二，"实用为主，弱化推理". 理论知识的陈述以够用为原则，淡化性质、定理的证明，重视数学知识在实际问题中的转化和应用技巧.

第三，"专基结合，灵活取舍". 根据面向专业的不同，结合专业所需数学背景，教师可灵活取舍教学模块和内容.

第四，"融入建模，提升思维". 将知识模块与数学建模问题有机结合，培养学生应用知识解决实际问题的能力和习惯，提升学生的逻辑思维能力.

本书由陶燕芳、胡芬任主编，贺彰雄、王欣欣任副主编. 陶燕芳编写第1、2、4、8章，并统稿. 第3、6、9章由胡芬编写，第5章由王欣欣编写，第7章由贺彰雄编写. 全书由侯谦民教授主审.

在本书的编写过程中，得到长江职业学院党委书记李永健教授、校长田巨平教授的关心与支持. 副校长马发生教授、公共课部主任胡炼教授、教务处处长苏龙副教授和各院系有关领导多次对教材的编写提出指导意见，机电学院院长侯谦民教授对教材主审，湖北生物科技职业学院等院校的专家提出不少建设性意见，在此表示诚挚的谢意. 本书的出版还得到了武汉大学出版社的大力帮助,在此一并致谢.

在编写过程中,参阅了大量的教材、著作、文献和资料,在此谨向这些文献和资料的作者一并表示感谢.

由于编者水平有限,不妥之处在所难免,恳请广大读者批评指正.

编 者

2014 年 8 月

目 录

第一篇 基础模块 …………………………………………………………… 1

第1章 函数与极限 ………………………………………………………… 3
- 1.1 函数概念及初等函数 ……………………………………………… 4
- 1.2 常用经济函数 ……………………………………………………… 8
- 1.3 极限 ………………………………………………………………… 10
- 1.4 函数的连续性 ……………………………………………………… 16
- 习题 A ………………………………………………………………… 18
- 习题 B ………………………………………………………………… 20

第2章 导数及其应用 ……………………………………………………… 24
- 2.1 导数的概念 ………………………………………………………… 24
- 2.2 导数的计算 ………………………………………………………… 26
- 2.3 函数的微分与洛必达法则 ………………………………………… 28
- 2.4 导数的应用(1)——最优化问题 ………………………………… 30
- 2.5 导数的应用(2)——边际分析与弹性分析 ……………………… 34
- 习题 A ………………………………………………………………… 37
- 习题 B ………………………………………………………………… 39

第3章 积分及其应用 ……………………………………………………… 42
- 3.1 原函数与不定积分 ………………………………………………… 42
- 3.2 不定积分的换元法与分部积分法 ………………………………… 45
- 3.3 定积分的概念 ……………………………………………………… 49
- 3.4 定积分的换元法和分部积分法 …………………………………… 53
- 3.5 定积分的应用(1)——几何应用 ………………………………… 55
- 3.6 定积分的应用(2)——经济应用 ………………………………… 59

习题 A ……………………………………………………………… 62
　　　习题 B ……………………………………………………………… 65

第二篇　专业模块 ……………………………………………………… 69

第 4 章　概率统计 ………………………………………………………… 71
　　4.1　随机事件与概率 ……………………………………………………… 71
　　4.2　随机变量及其分布 …………………………………………………… 75
　　4.3　随机变量的数字特征 ………………………………………………… 81
　　4.4　统计初步 ……………………………………………………………… 85
　　习题 A ……………………………………………………………………… 86
　　习题 B ……………………………………………………………………… 88

第 5 章　二元函数的偏导数及其应用 …………………………………… 90
　　5.1　二元函数及其偏导数的概念 ………………………………………… 90
　　5.2　二元函数的极值 ……………………………………………………… 91
　　习题 A ……………………………………………………………………… 94
　　习题 B ……………………………………………………………………… 94

第 6 章　线性代数 ………………………………………………………… 96
　　6.1　矩阵的概念及其运算 ………………………………………………… 96
　　6.2　方阵的行列式 ………………………………………………………… 102
　　6.3　逆矩阵与初等变换 …………………………………………………… 106
　　6.4　解线性方程组 ………………………………………………………… 109
　　习题 A ……………………………………………………………………… 113
　　习题 B ……………………………………………………………………… 116

第 7 章　图论及其应用 …………………………………………………… 120
　　7.1　图的基本概念 ………………………………………………………… 120
　　7.2　图的连通与最短路问题 ……………………………………………… 124
　　7.3　欧拉图及其应用 ……………………………………………………… 127
　　习　题 ……………………………………………………………………… 129

第三篇　兴趣模块 ……………………………………………………… 133

第 8 章　MATLAB 数学软件简介 ………………………………………… 135
　　8.1　MATLAB 基础知识 …………………………………………………… 135
　　8.2　用 MATLAB 软件解方程、求极限、导数、积分、
　　　　 微分方程 ……………………………………………………………… 139

8.3　向量、矩阵及其运算 …………………………………… 142
　　8.4　MATLAB 图形处理 ……………………………………… 145
　　8.5　优化工具箱简介 ………………………………………… 150

第 9 章　数学建模 …………………………………………… 154
　　9.1　数学模型简介 …………………………………………… 154
　　9.2　数学建模案例 …………………………………………… 157

附录　部分中外知名数学家简介 …………………………… 171

习题参考答案 ………………………………………………… 187

参考文献 ……………………………………………………… 203

第一篇　基 础 模 块

第1章 函数与极限

微积分以函数为研究对象，以极限和连续为研究工具，本章在中学数学的基础上，进一步学习函数的有关知识，学习极限的计算，为进一步学习微积分知识奠定基础．

引言 微积分研究什么

微积分是进入大学的学生必修的课程，是学习其他课程的基础和先导．

微积分与初等数学研究对象的比较如下所示．

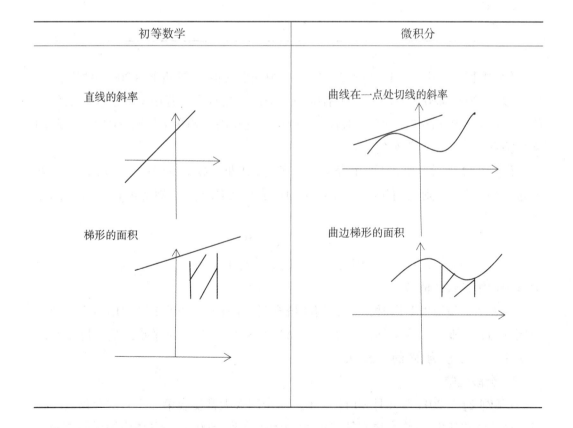

初等数学的研究对象基本是不变的量，而微积分则以变量为研究对象．

1.1 函数概念及初等函数

一、函数概念

1. 函数的定义

【案例1】 某商店出售某件衣服的单价为200元/件，显然有如下关系：

销售量	销售收入
1件	200元
2件	400元
3件	600元
⋮	⋮

【分析】 对于集合 $A = \{1, 2, 3, \cdots\}$ 中任取一值，按照乘以200的法则，在集合 $B = \{200, 400, 600, \cdots\}$ 中有唯一一个值与之对应，若用 x 表示 A 中的任一值，y 表示 B 中相对应的值，则有 $y = 200x$，它反映了销量 x 与销量收入 y 之间的函数关系．一般地有下列定义：

【定义1】 设 x 和 y 是两个变量，当变量 x 在非空数集 D 中任取一数值时，若变量 y 按照某一法则 f 总有唯一一个确定的数值与之对应，则称变量 y 是变量 x 的函数，记作

$$y = f(x), \quad x \in D.$$

其中：x 为自变量，y 为因变量，x 的取值范围 D 称作函数的定义域，y 的取值范围称作函数的值域．

在表示变量取值范围时，最常用的概念是区间（包括开区间，闭区间，半开半闭区间）和邻域，通常称 $(x_0 - \delta, x_0 + \delta)(\delta > 0)$ 为点 x_0 的邻域，它实际上是以 x_0 为中心，长度为 2δ 的开区间．

2. 分段函数

【案例2】 2011年6月30日，十一届全国人大常委会第二十一次会议表决通过了个税法修正案，将个税起征点由2000元提高到3500元，具体应纳税所得额与适用税率的关系如表1-1所示．

表 1-1

全月应纳税所得额(月收入 − 3500 元)	税率(%)
不超过 1500 元	3
超过 1500 元至 4500 元	10
超过 4500 元至 9000 元	20
超过 9000 元至 35000 元	25
超过 35000 元至 55000 元	30
超过 55000 元至 80000 元	35
超过 80000 元的部分	45

试表示缴税款 y 和月收入额 x 之间的关系.

【分析】 由于每段税率不同，应缴税款的计算式子也不一样，当 $x = 3500$ 时，应缴税款为 $y = 0$；当 $3500 < x \leq 5000$ 时，应缴税款为 $y = (x - 3500) \times 3\%$；当 $5000 < x \leq 8000$ 时，应缴税款为 $y = (x - 5000) \times 10\% + (5000 - 3500) \times 3\%$；当 $8000 < x \leq 12500$ 时，应缴税款为 $y = (x - 8000) \times 20\% + (8000 - 5000) \times 10\% + (5000 - 3500) \times 3\%$. 依此类推，即得

$$y = \begin{cases} 0, & 0 < x \leq 3500; \\ (x - 3500) \times 3\%, & 3500 < x \leq 5000; \\ (x - 5000) \times 10\% + 45, & 5000 < x \leq 8000; \\ (x - 8000) \times 20\% + 345, & 8000 < x \leq 12500; \\ (x - 12500) \times 25\% + 1245, & 12500 < x \leq 38500; \\ (x - 38500) \times 30\% + 7745, & 38500 < x \leq 58500; \\ (x - 58500) \times 35\% + 13745, & 58500 < x \leq 83500; \\ (x - 83500) \times 45\% + 22495, & x > 83500. \end{cases}$$

【例1】 电力部门规定：居民每月用电量不超过 30 千瓦时(度)时，每千瓦时(度)电按 0.5 元收费，当用电量超过 30 千瓦时(度)但不超过 60 千瓦时(度)时，超过部分每千瓦时(度)按 0.6 元收费，当用电量超过 60 千瓦时(度)时，超过部分按每千瓦时 0.8 元收费，试建立居民用电费 y 与用电量 x 之间的函数关系

【解】 当 $0 \leq x \leq 30$ 时，$y = 0.5x$；

当 $30 < x \leq 60$ 时，$y = 0.5 \times 30 + 0.6(x - 30) = 0.6x - 3$；

当 $x > 60$ 时，$y = 0.5 \times 30 + 0.6 \times 30 + 0.8(x - 60) = 0.8x - 15$.

故 $$y = \begin{cases} 0.5x, & 0 \leq x \leq 30; \\ 0.6x - 3, & 30 < x \leq 60; \\ 0.8x - 15, & x > 60. \end{cases}$$

像这样，两个变量之间的函数关系要用两个或多个数学式子来表达的，称为分段函数，分段函数的定义域为各段自变量取值集合的并集.

二、初等函数

① 基本初等函数

下列六种函数统称为基本初等函数，即常数函数，幂函数，指数函数，对数函数，三角函数，反三角函数.

函数名称	表达式	定义域	图形	性质
常数函数	$y = c$	$(-\infty, +\infty)$		一条平行于 x 轴的直线
幂函数	$y = x^{\mu}$	随 μ 而不同，$(0, +\infty)$ 都有定义		在第 I 象限内，经过定点 $(1,1)$，$\mu > 0$，为增函数；$\mu < 0$，为减函数
指数函数	$y = a^x$ $(a > 0 \text{ 且 } a \neq 1)$	$(-\infty, +\infty)$		图形在 x 轴上方，经过定点 $(0,1)$，$a > 1$，为增函数；$0 < a < 1$，为减函数
对数函数	$y = \log_a x$ $(a > 0 \text{ 且 } a \neq 1)$	$(0, +\infty)$		图形在 y 轴右则，经过定点 $(1,0)$，$a > 1$，为增函数；$0 < a < 1$，为减函数

续表

函数名称	表达式	定义域	图形	性质
三角函数	正弦函数 $y=\sin x$	$(-\infty, +\infty)$		周期为 2π，奇函数，$-1 \leq \sin x \leq 1$
	余弦函数 $y=\cos x$	$(-\infty, +\infty)$		周期为 2π，偶函数，$-1 \leq \cos x \leq 1$
	正切函数 $y=\tan x$	$D=\left\{x \mid x \neq k\pi+\dfrac{\pi}{2}\right\}$		周期为 π，奇函数，$\left(-\dfrac{\pi}{2}, \dfrac{\pi}{2}\right)$ 内为增函数
	余切函数 $y=\cot x$	$D=\{x \mid x \neq k\pi\}$		周期为 π，奇函数，$(0, \pi)$ 内为减函数
反三角函数	反正弦函数 $y=\arcsin x$	$[-1, 1]$		奇函数，增函数 $-\dfrac{\pi}{2} \leq y \leq \dfrac{\pi}{2}$
	反余弦函数 $y=\arccos x$	$[-1, 1]$		减函数，$0 \leq y \leq \pi$
	反正切函数 $y=\arctan x$	$(-\infty, +\infty)$		奇函数，增函数 $-\dfrac{\pi}{2} < y < \dfrac{\pi}{2}$
	反余切函数 $y=\text{arccot} x$	$(-\infty, +\infty)$		减函数，$0 < y < \pi$

② 复合函数

【定义2】 设函数 $y=f(u)$，定义域为 D_0；$u=\varphi(x)$，定义域为 D，值域为 D_1；若 $D_1 \subset D_0$，则对每一个值 $x \in D$，通过对应法则 φ 和 f 有唯一确定的值 y 与 x 对应，按照函数的定义，变量 y 成为 x 的函数，称为 x 的复合函数，记
$$y=f[\varphi(x)],$$
变量 u 称为中间变量.

【例2】 求下列函数的复合过程

(1) $y=\sin(e^x)$　　(2) $y=\sqrt[3]{x+2}$　　(3) $y=\sqrt{\ln\arctan 2x}$.

【解】 (1) $y = \sin(e^x)$ 是由 $y = \sin u$, $u = e^x$ 复合而成的

(2) $y = \sqrt[3]{x+2}$ 是由 $y = \sqrt[3]{u}$, $u = x + 2$ 复合而成.

(3) $y = \sqrt{\ln \arctan 2x}$ 是由 $y = \sqrt{u}$, $u = \ln v$, $v = \arctan w$, $w = 2x$ 复合而成.

(3) 初等函数

由基本初等函数经过有限次的四则运算或有限次的复合而成的函数，叫做初等函数.

1.2 常用经济函数

一、需求函数

市场对某种商品的需求量 Q，主要受到该商品价格的影响，通常降低商品的价格会使需求量增加，提高商品的价格会使需求量减少. 在假定其他因素不变的情况下，市场需求量 Q 可视为该商品价格 p 的函数，称为需求函数，记作

$$Q = Q(p)$$

在经济活动中常见的需求函数有：

线性需求函数：$Q = a - bp$，其中 a, b 均为非负常数；

二次曲线需求函数：$Q = a - bp - cp^2$，其中 a, b, c 均为非负常数；

指数需求函数：$Q = ae^{-bp}$，其中 a, b 均为非负常数.

二、供给函数

某种商品的市场供给量 S 也受商品价格 p 的制约，价格上涨，供给量增加；反之，价格下跌，供给量减少. 供给量 S 也可看成价格 p 的函数，称为供给函数，记作

$$S = S(p).$$

对一种商品而言，如果需求量等于供给量，则这种商品就达到了市场均衡. 此时这个价格称为该商品的市场均衡价格.

【例3】 某种商品的需求函数和供给函数分别为：

$$S = 25p - 10, \quad P = 200 - 5p.$$

求该商品的市场均衡价格 p.

【解】 由均衡条件 $Q = S$，得 $25p - 10 = 200 - 5p$.

因此，市场均衡价格为 $p = 7$ 元.

三、成本函数

总成本 C 由固定成本 C_0 和可变成本 $C_1(q)$ 两部分组成：

$$C = C(q) = C_0 + C_1(q)$$

其中，固定成本 C_0 与产量 q 无关，如厂房，设备费等；可变成本 $C_1(q)$ 随产量 q 的增加而增加，如原材料等.

生产 q 个单位产品时的平均成本为：$\bar{C} = \dfrac{C(q)}{q}$.

【例4】 某企业生产某种产品的固定成本为 10 万元，设生产一件产品需增加成本 0.8 万元，求总成本函数及平均成本函数.

【解】 由题意，总成本函数为 $C(q) = 10 + 0.8q$.

平均成本函数为 $\bar{C} = \dfrac{C(q)}{q} = \dfrac{10}{q} + 0.8$.

显然，平均成本函数是单调递减的，也就是说随着产量的增加，平均成本越来越小.

四、收入函数和利润函数

销售某产品的收入 R，等于产品的单价 p 乘以销售量 q，即 $R = pq$，称其为收入函数. 平均收入 $\bar{R} = \dfrac{R(q)}{q}$.

【例5】 设某商品的价格函数是 $p = 10 - \dfrac{q}{5}$，求该商品的收入函数，并计算销售 30 件商品时的总收入和平均收入.

【解】 收入函数为 $R = pq = \left(10 - \dfrac{q}{5}\right)q = 10q - \dfrac{1}{5}q^2$.

则销售 30 件商品时的总收入和平均收入分别为 $R(30) = 120$，$\bar{R}(30) = \dfrac{R(30)}{30} = 4$.

利润等于收入减去成本，记为
$$L = L(q) = R(q) - C(q)$$

平均利润为 $\bar{L}(q) = \dfrac{L(q)}{q}$.

【例6】 设生产某商品 q 件时的总成本为 $C(q) = 100q + 40000$，若销售价格为 $p = 400 - \dfrac{1}{2}q$，求(1)利润函数；(2)生产 100 和 200 件商品的总利润；(3)生产 400 件商品的总利润.

【解】 （1）利润函数 $L(q) = R(q) - C(q) = pq - C(q)$
$= \left(400 - \dfrac{1}{2}q\right)q - (100q + 40000) = -\dfrac{1}{2}q^2 + 300q - 40000$.

(2) $L(100) = -15000$, $L(200) = 0$

(3) $L(400) = 0$

令 $L = 0$，得 $q_1 = 200$，$q_2 = 400$. 此时企业盈亏相抵，q 为盈亏平衡点，即当 $q < 200$ 或 $q > 400$ 时，$L < 0$，此时亏损；当 $200 < q < 400$ 时，$L > 0$，此时盈利.

五、复利模型

利息是资金的时间价值的一种表现形式，利息分为单利和复利. 若本金在上期产生的利息不再加入本期本金计算利息，就叫单利；反之，若本金在上期产生的利息也纳入本期本金计算利息，就叫复利.

【例7】 现有一笔贷款 A_0（称为本金），以一年利率 r 贷出，若以一年为1期计算利息，1 年末的本利和为 $A_1 = A_0(1 + r)$，2 年末的本利和为 $A_2 = A_1(1 + r) = A_0(1 + r)^2$，…，$t$ 年末的本利和为 $A_t = A_0(1 + r)^t$. 这是一年计息1期，t 年末的本利和的复利公式.

若仍以一年利率为 r，一年不是计息1期，而是一年计息 n 期，且以 $\dfrac{r}{n}$ 为每期的利率来计算. 在这种情况下，t 年末的本利和为 $A_t = A_0\left(1 + \dfrac{r}{n}\right)^{nt}$，这是一年计息 n 期，t 年末的本利和的复利公式.

【例8】 某人交通违规被罚款200元，逾期不交，将收滞纳金，利率为每天3%（在不设罚款上限时），问半年（180天）后应交罚款数.

【解】 $A_0 = 200$，$A_{180} = 200(1 + 3\%)^{180} \doteq 40900$ 元.

1.3 极 限

【案例3】 我国魏晋杰出的数学家刘徽在其《九章算术》中叙述了用割圆术确定圆的面积的方法. 他说："割之弥细，所失弥少. 割之又割，以至于不可割，则与圆周合体而无所失矣."若用 S 表示圆的面积，S_n 表示圆内接正 n 边形的面积，当边数无限增加时，正多边形的面积 S_n 就无限接近于圆的面积 S. 如图1-1所示.

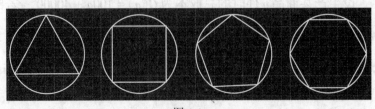

图1-1

一、极限的概念

下面给出数列极限与函数极限的定义.

1. 数列的极限

一般地,按一定规律排列的一串数

$$a_1, a_2, a_3, \cdots, a_n, \cdots$$

称为数列,记为 $\{a_n\}$,a_n 称为通项.

数列极限的定义如下:

【定义3】 给定数列 $\{a_n\}$,如果当 n 无限增大时,a_n 无限趋近某个固定的常数 A,则称当 n 趋于无穷大时,数列 $\{a_n\}$ 的极限是 A,记作:$\lim\limits_{n\to\infty} a_n = A$.

这时,也称数列 $\{a_n\}$ 收敛. 相反,如果当 n 无限增大时,a_n 不能趋于任何固定的常数,则称数列 $\{a_n\}$ 发散.

例如 $\left\{\dfrac{1}{2^n}\right\}$:$1, \dfrac{1}{2}, \dfrac{1}{4}, \dfrac{1}{8}, \cdots, \dfrac{1}{2^n}, \cdots$;$\lim\limits_{n\to\infty}\dfrac{1}{2^n} = 0.$ $\left\{\dfrac{1}{2^n}\right\}$ 是收敛的.

$\{(-1)^{n+1}\}$:$1, -1, 1, -1, \cdots, (-1)^{n+1}, \cdots$;$\{(-1)^{n+1}\}$ 是发散的.

二、函数的极限

1. $x \to \infty$ 时函数 $f(x)$ 的极限

【案例4】(水温的变化趋势) 将一盆 90℃ 的水放在一室温恒为 20℃ 的房间里,水温 T 将逐渐降低,随着时间 t 的推移,水温会越来越接近室温 20℃.

即 $t \to +\infty$ 时,$T \to 20℃$.

【定义4】 如果当 x 的绝对值无限增大时,函数 $f(x)$ 无限趋近于一个确定的常数 A,则称 A 为函数 $y = f(x)$ 当 x 趋于无穷($x \to \infty$)时的极限,记为

$$\lim_{x\to\infty} f(x) = A$$

以上定义对于 $x \to +\infty$ 与 $x \to -\infty$ 两种情况都成立.

【定理1】 $\lim\limits_{x\to\infty} f(x) = A$ 的充要条件是 $\lim\limits_{x\to+\infty} f(x) = \lim\limits_{x\to-\infty} f(x) = A$.

【例9】 $\lim\limits_{x\to\infty}\dfrac{1}{x} = 0$(包含 $\lim\limits_{x\to+\infty}\dfrac{1}{x} = 0$ 与 $\lim\limits_{x\to-\infty}\dfrac{1}{x} = 0$)(见图 1-2(a)).

【例10】 $\lim\limits_{x\to-\infty} e^x = 0$;但 $\lim\limits_{x\to+\infty} e^x$ 不存在(见图 1-2(b)),故 $\lim\limits_{x\to\infty} e^x$ 不存在.

2. 当 $x \to x_0$ 时,函数 $f(x)$ 的极限.

【案例5】(影子长度的变化) 一个人沿直线朝路灯方向走时,其影子长度如何变化?

【分析】 如图 1-3 所示,设灯高为 H,人高为 h,人与灯正下方的距离为 x,人影长度为 y. 由相似三角形的比例关系得 $\dfrac{h}{H} = \dfrac{y}{x+y}$,于是人影的长度 y 与 x 的函数

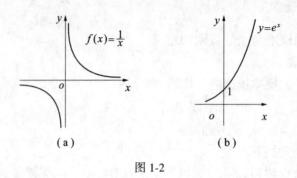

图 1-2

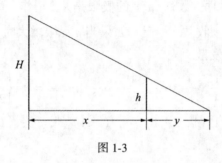

图 1-3

关系为：$y = \dfrac{h}{H-h}x$.

易知，当 x（人与灯的距离）越来越趋近于 0 时，函数值 y（人影的长度）也越来越趋近于 0.

【定义 5】 设函数 $f(x)$ 在点 x_0 的某个邻域有定义（x_0 可除外），当 x 无限趋近于 x_0 时，函数 $f(x)$ 无限趋近于一个确定的常数 A，则称 A 为函数 $f(x)$ 当 $x \to x_0$ 时的极限. 记为：

$$\lim_{x \to x_0} f(x) = A$$

例如：$\lim\limits_{x \to 1}(x+1) = 2$，$\lim\limits_{x \to 1}\dfrac{x^2-1}{x-1} = 2$（$\lim\limits_{x \to x_0} f(x)$ 是否存在与 $f(x)$ 在点 $x = x_0$ 处有没有定义无关）.

以下考虑 x 仅从 x_0 的右侧趋近于 x_0 或仅从 x_0 的左侧趋近于 x_0 时函数 $f(x)$ 的变化情形.

【定义 6】（左极限和右极限） 如果 x 仅从小（大）x_0 于的一侧趋近 x_0 时，函数 $f(x)$ 无限趋近于常数 A，则称 A 为函数 $f(x)$ 当 x 趋近于 x_0 时的左（右）极限.

(1) 左极限：$\lim\limits_{x \to x_0^-} f(x) = A$.

(2) 右极限：$\lim\limits_{x \to x_0^+} f(x) = A$.

【定理 2】 函数 $y = f(x)$ 在 $x = x_0$ 处极限存在的充要条件是函数 $y = f(x)$ 在 $x = x_0$

处的左、右极限都存在且相等. 即

$$\lim_{x\to x_0}f(x)=A \Leftrightarrow \lim_{x\to x_0^-}f(x)=\lim_{x\to x_0^+}f(x)=A$$

【例11】 设函数 $f(x)=\begin{cases} x-1, & x>1 \\ x+1, & x<1 \end{cases}$,求 $\lim\limits_{x\to 1}f(x)$.

【解】 因为函数 $y=f(x)$ 在 $x=0$ 的左、右邻域内时有不同的表达式,故要研究 $f(x)$ 在 $x=1$ 处极限存在与否,必须分开讨论当 $x\to 1^-$ 与 $x\to 1^+$ 时函数值的变化趋势.

当 $x\to 1^-$ 时,$\lim\limits_{x\to 1^-}f(x)=\lim\limits_{x\to 1^-}(x+1)=1$;

当 $x\to 1^+$ 时,$\lim\limits_{x\to 1^+}f(x)=\lim\limits_{x\to 1^+}(x-1)=0$;

于是有 $\lim\limits_{x\to 1^-}f(x)\neq\lim\limits_{x\to 1^+}f(x)$,故 $\lim\limits_{x\to 1}f(x)$ 不存在.

三、无穷小量与无穷大量

【案例6】 残留在餐具上的洗涤剂. 洗刷餐具时会用洗涤剂,漂洗次数愈多,餐具上残留的洗涤剂就越少,当清洗次数无限增多时,餐具上残留的洗涤剂就趋于零.

1. 无穷小量

【定义7】 在某一变化过程中,以零为极限的变量称为无穷小量,简称为无穷小.

例如:$\lim\limits_{x\to 1}(x-1)=0$. 所以当 $x\to 1$ 时,$x-1$ 是无穷小量.

$\lim\limits_{x\to 2}(x-1)=1\neq 0$ 所以当 $x\to 2$ 时,$x-1$ 不是无穷小量.

【案例7】 一放射性材料的衰减模型为 $N=100\mathrm{e}^{-0.026t}$,给出 $t\to +\infty$ 时的衰减规律.

【解】 $\lim\limits_{t\to +\infty}N=0$,从而 $t\to +\infty$ 时,该材料逐渐衰减为零.

【案例8】 已知在时刻 t,容器中的细菌个数为 $y=10^4\times 2^{0.1t}$. 预测 $t\to +\infty$ 时容器中的细菌的个数.

【解】 $\lim\limits_{t\to +\infty}y=\lim\limits_{t\to +\infty}10^4\times 2^{0.1t}=+\infty$,因此,当时间无限增大时,容器中的细菌个数也无限增多.

【定义8】 在某一变化过程中,绝对值无限增大的变量称为无穷大量,简称无穷大.

记作 $\lim\limits_{\substack{x\to x_0 \\ (x\to\infty)}}f(x)=\infty$.

注:无穷大不是数,不能与很大的数混为一谈.

如:10^{10000} 不是无穷大量.

【定理3】 在同一变化过程中,无穷大量的倒数是无穷小量,非零无穷小量的倒数是无穷大量.

如：$\lim\limits_{x\to 1}(x-1)=0$，　　$\lim\limits_{x\to 1}\dfrac{1}{x-1}=\infty$.

四、极限的运算

极限的四则运算法则

【定理 4】 设 $\lim\limits_{x\to x_0}f(x)=A$，$\lim\limits_{x\to x_0}g(x)=B$，则

(1) $\lim\limits_{x\to x_0}[f(x)\pm g(x)]=A\pm B$，

(2) $\lim\limits_{x\to x_0}[f(x)\cdot g(x)]=AB$.

特别地，$\lim\limits_{x\to x_0}Cf(x)=C\lim\limits_{x\to x_0}f(x)=CA$（$C$ 为常数），$\lim\limits_{x\to x_0}[f(x)]^n=[\lim\limits_{x\to x_0}f(x)]^n=A^n$，

(3) $\lim\limits_{x\to x_0}\dfrac{f(x)}{g(x)}=\dfrac{A}{B}(B\neq 0)$，

【注】 上述运算法则对于 $x\to\infty$ 时的情形也是成立的.

【例 12】 求 (1) $\lim\limits_{x\to 3}(x+3)$；(2) $\lim\limits_{x\to 1}(x^2-2x)$.

【解】 (1) $\lim\limits_{x\to 3}(x+3)=3+3=6$；

(2) $\lim\limits_{x\to 1}(x^2-2x)=\lim\limits_{x\to 1}x^2-2\lim\limits_{x\to 1}x=-1$.

【例 13】 求 $\lim\limits_{x\to 1}\dfrac{x^2+x-4}{2x^2+1}$.

【解】 $\lim\limits_{x\to 1}\dfrac{x^2+x-4}{2x^2+1}=\dfrac{\lim\limits_{x\to 1}(x^2+x-4)}{\lim\limits_{x\to 1}(2x^2+1)}=-\dfrac{2}{3}$.

【例 14】 求 $\lim\limits_{x\to 2}\dfrac{3x+1}{x^2-4}$.

【解】 因 $\lim\limits_{x\to 2}(x^2-4)=0$，不能用商的极限运算法则，而 $\lim\limits_{x\to 2}\dfrac{x^2-4}{3x+1}=0$，则由无穷大与无穷小的关系知 $\lim\limits_{x\to 2}\dfrac{3x+1}{x^2-4}=\infty$.

【例 15】 求 $\lim\limits_{x\to 3}\dfrac{x^2-9}{x-3}$.

【解】 $\lim\limits_{x\to 3}\dfrac{x^2-9}{x-3}=\lim\limits_{x\to 3}\dfrac{(x+3)(x-3)}{x-3}=\lim\limits_{x\to 3}(x+3)=6$.

【例 16】 求 $\lim\limits_{x\to 0}\dfrac{\sqrt{1+x}-1}{x}$.

【解】 $\lim\limits_{x\to 0}\dfrac{\sqrt{1+x}-1}{x}=\lim\limits_{x\to 0}\dfrac{(\sqrt{1+x}-1)(\sqrt{1+x}+1)}{x(\sqrt{1+x}+1)}$

$=\lim\limits_{x\to 0}\dfrac{x}{x(\sqrt{1+x}+1)}=\dfrac{1}{2}$.

【例17】 求 (1) $\lim\limits_{x\to\infty}\dfrac{2x^2+x-3}{3x^2-x+1}$; (2) $\lim\limits_{x\to\infty}\dfrac{2x^2+x-3}{3x^3-x}$; (3) $\lim\limits_{x\to\infty}\dfrac{2x^2+x-3}{3x+1}$.

【解】 (1) 原式 $=\lim\limits_{x\to\infty}\dfrac{2+\dfrac{1}{x}-\dfrac{3}{x^2}}{3-\dfrac{1}{x}+\dfrac{1}{x^2}}=\dfrac{2}{3}$.

(2) 原式 $=\lim\limits_{x\to\infty}\dfrac{\dfrac{2}{x}+\dfrac{1}{x^2}-\dfrac{3}{x^3}}{3-\dfrac{1}{x^2}}=0$.

(3) 原式 $=\lim\limits_{x\to\infty}\dfrac{2+\dfrac{1}{x}-\dfrac{3}{x^2}}{\dfrac{3}{x}+\dfrac{1}{x^2}}=\infty$.

一般地，有

$$\lim_{x\to\infty}\dfrac{a_0x^k+a_1x^{k-1}+\cdots+a_k}{b_0x^l+b_1x^{l-1}+\cdots+b_l}=\begin{cases}0, & k<l\\ \dfrac{a_0}{b_0}, & k=l\\ \infty, & k>l\end{cases}$$

其中 $a_0\neq 0$，$b_0\neq 0$，k，l 均为非负整数.

五、两个重要极限

1. **第一重要极限** $\lim\limits_{x\to 0}\dfrac{\sin x}{x}=1\left(\text{属于}\dfrac{\mathbf{0}}{\mathbf{0}}\text{型}\right)$

注：第一重要极限的广义形式为 $\lim\limits_{\square\to 0}\dfrac{\sin\square}{\square}=1$ (方框 $\square$ 代表同一变量).

【例18】 求极限 (1) $\lim\limits_{x\to 0}\dfrac{\sin 3x}{2x}$; (2) $\lim\limits_{x\to 0}\dfrac{\tan x}{x}$.

【解】 (1) $\lim\limits_{x\to 0}\dfrac{\sin 3x}{2x}=\lim\limits_{x\to 0}\dfrac{\sin 3x}{3x}\cdot\dfrac{3}{2}=\dfrac{3}{2}$;

(2) $\lim\limits_{x\to 0}\dfrac{\tan x}{x}=\lim\limits_{x\to 0}\dfrac{\sin x}{x}\cdot\dfrac{1}{\cos x}=1$.

2. **第二重要极限** $\lim\limits_{x\to\infty}\left(1+\dfrac{1}{x}\right)^x=\mathrm{e}$

另一种形式为 $\lim\limits_{x\to 0}(1+x)^{\frac{1}{x}}=\mathrm{e}$.

【例19】 求极限：(1) $\lim_{x\to\infty}\left(1+\dfrac{1}{x}\right)^{3x}$； (2) $\lim_{x\to 0}(1-x)^{\frac{1}{x}}$.

【解】 (1) $\lim_{x\to\infty}\left(1+\dfrac{1}{x}\right)^{3x}=\lim_{x\to\infty}\left[\left(1+\dfrac{1}{x}\right)^{x}\right]^{3}=\left[\lim_{x\to\infty}\left(1+\dfrac{1}{x}\right)^{x}\right]^{3}=e^{3}$；

(2) $\lim_{x\to 0}(1-x)^{\frac{1}{x}}=\lim_{x\to 0}\left[(1-x)^{-\frac{1}{x}}\right]^{-1}=e^{-1}$.

【案例9】（连续复利） 如果本金为 A_0，年利率为 r，一年按复利计息 n 期时，t 年末的本利和为 $A_t=A_0\left(1+\dfrac{r}{n}\right)^{nt}$. 如果计息期数无限增大，即结算次数无限增大，则 t 年后的本利和为 $A_t=\lim_{n\to\infty}A_0\left(1+\dfrac{r}{n}\right)^{nt}=\lim_{n\to\infty}\left[A_0\left(1+\dfrac{r}{n}\right)^{\frac{n}{r}}\right]^{rt}=A_0 e^{rt}$ 即为按连续复利计算的本利和.

如本金 10000 元，年利率 3.25%，5 年期末按年连续复利计算的本利和为 11764.5 元（$A_6=10000\cdot e^{0.0325\times 5}$）.

1.4 函数的连续性

在现实生活中，许多量的变化都是连续的，如身高、气温等，这些量的变化在数学上抽象为连续的概念.

一、函数 y = f(x) 的连续性

【定义9】 设函数 $y=f(x)$ 在 x_0 的某邻域 $U(x_0,\delta_0)$ 内有定义，且
$$\lim_{x\to x_0}f(x)=f(x_0),$$
则称函数 $y=f(x)$ 在 $x=x_0$ 处连续，x_0 叫做函数 $y=f(x)$ 的连续点.

注：函数 $y=f(x)$ 在 $x=x_0$ 处连续，意味着同时满足下列三个条件：

(1) 函数 $y=f(x)$ 在 x_0 的某邻域 $U(x_0,\delta_0)$ 内有定义；

(2) 极限 $\lim_{x\to x_0}f(x)$ 存在；

(3) 极限值 $\lim_{x\to x_0}f(x)$ 与函数值 $f(x_0)$ 相等.

例如，函数 $y=x^2$ 在其定义域 $(-\infty,+\infty)$ 内任一点 x_0 处都有 $\lim_{x\to x_0}x^2=x_0^2$，因此，函数 $y=x^2$ 在其定义域内任一点 x_0 处连续.

又如函数 $f(x)=\begin{cases} x\sin\dfrac{1}{x} & x\neq 0 \\ 0 & x=0 \end{cases}$，因为 $\lim_{x\to 0}f(x)=\lim_{x\to 0}x\sin\dfrac{1}{x}=0=f(0)$，所以该函数在 $x=0$ 处连续.

从连续的定义 $\lim\limits_{x \to x_0} f(x) = f(x_0)$ 看，x 趋于 x_0 是指 x 从 x_0 的左、右两侧都趋于 x_0. 如果单从 x_0 的左侧或右侧趋于 x_0 看，就可得到左、右连续的概念. 即

如果 $\lim\limits_{x \to x_0^-} f(x) = f(x_0)$，则称 $y = f(x)$ 在 $x = x_0$ 处左连续；

如果 $\lim\limits_{x \to x_0^+} f(x) = f(x_0)$，则称 $y = f(x)$ 在 $x = x_0$ 处右连续.

由此有：$y = f(x)$ 在 $x = x_0$ 处连续的充分必要条件是 $y = f(x)$ 在 $x = x_0$ 处左、右都连续.

【例20】 试判断函数 $f(x) = \begin{cases} x + 3, & x \geq 0 \\ \dfrac{\sin x}{x}, & x < 0 \end{cases}$ 在点 $x = 0$ 处的连续性.

【解】 因为 $\lim\limits_{x \to 0^-} f(x) = \lim\limits_{x \to 0^-} \dfrac{\sin x}{x} = 1$.

$\lim\limits_{x \to 0^+} f(x) = \lim\limits_{x \to 0^+} (x + 3) = 3$.

故 $\lim\limits_{x \to 0^-} f(x) \neq \lim\limits_{x \to 0^+} f(x)$，即 $f(x)$ 在 $x = 0$ 处极限不存在，故 $f(x)$ 在点 $x = 0$ 处不连续.

【例21】 设 $1g$ 冰从 $-40℃$ 升到 $100℃$ 所需要的热量（单位：J）为
$$f(x) = \begin{cases} 2.1x + 84, & -40 \leq x \leq 0; \\ 4.2x + 420, & x > 0. \end{cases}$$
试问当 $x = 0$ 时，函数是否连续？若不连续，解释其实际意义.

【解】 因为 $\lim\limits_{x \to 0^-} f(x) = \lim\limits_{x \to 0^-} (2.1x + 84) = 84$.

$\lim\limits_{x \to 0^+} f(x) = \lim\limits_{x \to 0^+} (4.2x + 420) = 420$. 因为 $\lim\limits_{x \to 0^-} f(x) \neq \lim\limits_{x \to 0^+} f(x)$，即 $f(x)$ 在 $x = 0$ 处极限不存在，故 $f(x)$ 在点 $x = 0$ 处不连续.

这说明冰化成水时需要的热量会突然增加.

二、连续函数的性质及初等函数的连续性

连续函数在其连续点上的性质：

(1) 四则运算性质：若函数 $f(x)$，$g(x)$ 在 x_0 处连续，则它们的和、差、积、商（分母不为0）在 x_0 处也连续.

(2) 复合函数的连续性：若函数 $u = \varphi(x)$ 在 x_0 处连续，而函数 $y = f(u)$ 在 $u_0 = \varphi(x_0)$ 处也连续，则复合函数 $y = f(\varphi(x))$ 在 $x = x_0$ 处连续，即有 $\lim\limits_{x \to x_0} f[\varphi(x)] = f[\varphi(x_0)]$.

【定理5】 初等函数在其定义域内连续.

根据这个结论，求初等函数在其定义域内点 x_0 处的极限时，只需求出函数在 x_0 处的函数值就可以了.

三、闭区间上连续函数的性质

【定理 6】(最大、最小值定理) 若函数 $f(x)$ 在 $[a,b]$ 上连续,则 $f(x)$ 在 $[a,b]$ 上必能取得最大值和最小值.

【推论】(介值定理) 设 $f(x)$ 在 $[a,b]$ 上连续,则 $f(x)$ 在 $[a,b]$ 上必能取到介于最大值和最小值间的任意值.

【定理 7】(零点定理) 若函数 $f(x)$ 在 $[a,b]$ 上连续,且 $f(a)f(b)<0$,则 $f(x)$ 在 $[a,b]$ 上必能取得零值.

习题 A

习题 1.1

1. 求下列函数的定义域.

   (1) $f(x) = \sqrt{2x-3} + 2$ (2) $f(x) = \dfrac{x+1}{x-1}$

   (3) $f(x) = \ln(1-x)$ (4) $f(x) = \sqrt{x^2 - 5x + 6}$

2. 分解下列复合函数.

   (1) $y = \ln^2 x$ (2) $y = \ln\sin 5x$

   (3) $y = \sin^2 3x$ (4) $y = \sin x^2$

3. 设 $f(x) = 2x^2 - 5x + 1$,求 $f(0)$,$f(-1)$,$f(-x)$,$f(x+1)$.

4. (快递邮费) 某快递公司规定:寄送到某地的物件,当物件不超过 20kg 时,按基本邮费每千克 3 元计算;当超过 20kg 时,超过部分按每千克 4.5 元计算. 试求寄送到该地的物件的邮费 y(元) 与物件重量 x(kg) 之间的函数关系式.

5. (阶梯水价) 某城市将居民的生活用水分为三个等级,从而形成三种收费标准:每月用水不超过 12 立方米,每立方米水价为 1.15 元;超过 12 立方米的 18 立方米进入二级水价范围,水价为每立方米 1.75 元;超过 18 立方米的部分将进入第三级水价,水价为每立方米 2.3 元. 写出用户水费 y 与用量 x 之间的函数关系.

习题 1.2

1. 已知某产品的总成本函数为 $C(q) = 0.2q^2 + 2q + 20$,求当生产 100 件该种产品时的总成本和平均成本.

2. 设生产某产品的总成本函数为 $C(q) = 200 + 3q + 2q^2$(万元),若每售出一件该商品的收入是 100 万元,求生产 30 件时的总利润和平均利润. 若每天至少销售 40 件产品,为了不亏本,单价应定为多少?

3. 某厂生产一种元器件，设计能力为日产 100 件，每日的固定成本为 150 元，每件的平均可变成本为 10 元.

（1）试求该厂该元器件的日总成本函数及平均成本函数；

（2）若每件售价 15 元，试写出总收入函数；

（3）试写出利润函数.

4. 将 10 万元现金在每年初存入银行，年利率为 8%，以连续复利计，到第二十年末的本利和为多少万元？

习题 1.3

1. 求下列极限：

（1）$\lim\limits_{x \to 1}(2x^2 + 4x + 1)$

（2）$\lim\limits_{x \to 1}\dfrac{x^2 + 2}{x - 1}$

（3）$\lim\limits_{x \to 2}\dfrac{x^3 - 8}{x^2 - 4}$

（4）$\lim\limits_{x \to \infty}\dfrac{3x^2 - 2x + 1}{-2x^2 + x - 4}$

（5）$\lim\limits_{x \to \infty}\dfrac{4x^3 - x + 1}{-x^2 + x - 4}$

（6）$\lim\limits_{x \to \infty}\dfrac{x^2 - 7x + 5}{3x^3 + x - 4}$

（7）$\lim\limits_{x \to 0}\dfrac{1 - \sqrt{1 + x^2}}{x^2}$

2. 求下列极限：

（1）$\lim\limits_{x \to 0}\dfrac{\sin 3x}{x}$

（2）$\lim\limits_{x \to 0}\dfrac{\sin 5x}{\tan 4x}$

（3）$\lim\limits_{x \to \infty}\left(1 + \dfrac{4}{x}\right)^x$

（4）$\lim\limits_{x \to \infty}\left(1 - \dfrac{2}{x}\right)^{3x}$

（5）$\lim\limits_{x \to \infty}\left(1 + \dfrac{1}{x}\right)^{-x+3}$

（6）$\lim\limits_{x \to 0}\left(1 - \dfrac{1}{2}x\right)^{\frac{1}{x}}$.

3. 设函数 $f(x) = \begin{cases} x + 2, & x < 1, \\ x - 2, & x \geq 1, \end{cases}$ 分别讨论 $\lim\limits_{x \to 3}f(x)$，$\lim\limits_{x \to 1}f(x)$，$\lim\limits_{x \to 0}f(x)$.

习题 1.4

1. 讨论下列函数 $y = \begin{cases} \sin x, & x \geq 0, \\ x - 1, & x < 0 \end{cases}$ 在 $x = 0$ 处的连续性.

2. 设函数 $f(x) = \begin{cases} e^x, & x < 0, \\ a + x, & x \geq 0, \end{cases}$ 应当怎样选择数 a，使 $f(x)$ 在 $(-\infty, +\infty)$ 内连续？

习题 B

习题 1.1

1. 将复合函数分解成简单函数.

(1) $y = (2x+1)^{10}$ (2) $y = \cos x^2$

(3) $y = \ln \sin x$ (4) $y = \sin^2 x$

(5) $y = \dfrac{1}{1+2x}$ (6) $y = \sqrt{1-2x^2}$

(7) $y = \sqrt{\tan \dfrac{x}{3}}$ (8) $y = e^{x^2}$

习题 1.2

1. 生产者向市场提供某种商品的供给函数为 $Q = \dfrac{P}{2} - 96$. 而商品的需求量满足 $Q = 204 - P$. 试求该商品的均衡价格.

2. 已知生产某商品 q 件时的总成本函数为 $C(q) = 10 + 4q + 0.2q^2$.（单位：万元）如果每售出一件该商品的收益为 8 万元, 求

(1) 该商品的利润函数;

(2) 生产 10 件该商品时的总利润;

(3) 生产 20 件该商品时的总利润.

3. 设某产品的需求函数是 $Q = 60000 - 1000P$. 其中 P 为价格（单位：元）, Q 是产品销售量, 又设产品的固定成本为 60000 元. 变动成本为 20 元/件.

求：(1) 总成本函数;

(2) 收益函数;

(3) 利润函数.

4. 已知 $C(q) = 100 + 2q + q^2$, $p = 250 - 5q$, 求 $L(q)$.

5. 已知 $C(q) = 10 + 6q + 0.1q^2$, $p = 9$(元), 求 $L(q)$, $L(10)$, $L(30)$.

习题 1.3

1. 求极限：

(1) $\lim\limits_{x \to \infty}\left(1 + \dfrac{1}{x^2}\right)$ (2) $\lim\limits_{x \to 4} \sqrt{x}$

(3) $\lim\limits_{x \to 0} \dfrac{1}{x}$ (4) $\lim\limits_{x \to 0} \cos x$

(5) $\lim\limits_{x \to \pi} \cos x$ (6) $\lim\limits_{x \to e^+} \ln x$

2. 设 $f(x)=\begin{cases} x, & x>0 \\ 1, & x=0 \\ -x, & x<0 \end{cases}$ 求 $\lim\limits_{x\to 0^-}f(x)$，$\lim\limits_{x\to 0^+}f(x)$，$\lim\limits_{x\to 0}f(x)$.

3. 讨论自变量 x 在怎样的变化过程中，下列函数为无穷小量.

(1) $y=2x+1$ (2) $y=\dfrac{1}{x-1}$

(3) $y=e^x$ (4) $y=\ln x$

4. 讨论自变量 x 在怎样的变化过程中，下列函数为无穷大量.

(1) $y=\dfrac{1}{x+1}$ (2) $y=2x-1$

(3) $y=2^x$ (4) $y=\ln x$

5. 指出下列函数在所示的变化过程中是无穷大量还是无穷小量.

(1) $10x+x^2\ (x\to 0)$ (2) $\dfrac{2}{x}\ (x\to 0)$

(3) $\dfrac{1+2x}{x^2}\ (x\to\infty)$ (4) $\dfrac{x^3}{1+2x^2}\ (x\to\infty)$

(5) $1-\cos x\ (x\to 0)$ (6) $\dfrac{x+1}{x-3}\ (x\to 3)$

6. 求下列极限：

(1) $\lim\limits_{x\to 2}(2x^2-3x+1)$ (2) $\lim\limits_{x\to 2}\dfrac{x^2-4}{x^2+4}$

(3) $\lim\limits_{x\to 5}\dfrac{x+5}{x-5}$ (4) $\lim\limits_{x\to 1}\dfrac{x-1}{x^3-1}$

(5) $\lim\limits_{x\to 2}\dfrac{2x^3+x^2-4}{x-6}$ (6) $\lim\limits_{x\to\infty}(2x^5-3x+8)$

(7) $\lim\limits_{x\to 3}\left(\dfrac{1}{x-3}-\dfrac{6}{x^2-9}\right)$ (8) $\lim\limits_{x\to -1}\dfrac{2x^2+x-4}{3x^2-2}$

(9) $\lim\limits_{x\to 2}\dfrac{2x+1}{x-2}$ (10) $\lim\limits_{x\to 4}\dfrac{x^2-7x+12}{x^2-5x+4}$

(11) $\lim\limits_{x\to 2}(3x^2+x-2)$ (12) $\lim\limits_{x\to 1}\left(1+\dfrac{2}{x-3}\right)$

(13) $\lim\limits_{x\to\infty}\dfrac{x^2-6x+8}{x^3+2x^2+1}$ (14) $\lim\limits_{x\to +\infty}\left(\sqrt{x^2+3x}-x\right)$

7. 判断对错：

(1) $\lim\limits_{x\to 1}\dfrac{\sin x}{x}=1$ (2) $\lim\limits_{x\to\infty}\dfrac{\sin x}{x}=1$

(3) $\lim\limits_{x\to 0} x\sin\dfrac{1}{x} = 1$ (4) $\lim\limits_{x\to 1}\dfrac{\sin(x-1)}{x-1} = 1$

(5) $\lim\limits_{x\to\infty} x\sin\dfrac{1}{x} = 1$ (6) $\lim\limits_{x\to 0}\dfrac{\sin 2x}{x} = 1$

(7) $\lim\limits_{x\to\infty}\left(1-\dfrac{1}{x}\right)^x = e$ (8) $\lim\limits_{x\to 0}(1+x)^{-\frac{1}{x}} = \dfrac{1}{e}$

(9) $\lim\limits_{x\to 0}(1+x)^{\frac{1}{x}} = e$ (10) $\lim\limits_{x\to 0^+}\left(1+\dfrac{1}{x}\right)^x = e$

8. 求极限：

(1) $\lim\limits_{x\to 0}\dfrac{\sin 3x}{\sin 4x}$ (2) $\lim\limits_{x\to 0}\dfrac{1-\cos x}{x^2}$

(3) $\lim\limits_{x\to\pi}\dfrac{\sin x}{\pi - x}$ (4) $\lim\limits_{x\to 0}\dfrac{\tan x - \sin x}{x^3}$

(5) $\lim\limits_{x\to 0} x\cot 5x$ (6) $\lim\limits_{x\to 0}\dfrac{1-\cos 2x}{x\sin x}$

9. 求下列极限：

(1) $\lim\limits_{x\to\infty}\left(1-\dfrac{1}{x}\right)^{2x}$ (2) $\lim\limits_{x\to 0}(1-2x)^{\frac{3}{x}}$

(3) $\lim\limits_{x\to\infty}\left(1-\dfrac{1}{2x}\right)^x$ (4) $\lim\limits_{x\to\infty}\left(1+\dfrac{2}{x}\right)^{x+5}$

(5) $\lim\limits_{x\to\infty}\left(\dfrac{x-1}{x+1}\right)^x$ (6) $\lim\limits_{x\to 0}\left(1-\dfrac{x}{2}\right)^{\frac{1}{x}}$

习题 1.4

1. 求下列极限：

(1) $\lim\limits_{x\to 1}\sqrt{x^2+x+1}$ (2) $\lim\limits_{x\to\infty}\ln\dfrac{2x^2-x}{x^2+1}$

(3) $\lim\limits_{x\to\infty}\sin\left(1+\dfrac{1}{x}\right)^x$ (4) $\lim\limits_{x\to\frac{\pi}{4}}(\sin 2x)^5$

(5) $\lim\limits_{x\to 0}\ln\dfrac{\tan x}{x}$ (6) $\lim\limits_{x\to 0}\dfrac{x^2+1}{3x^2+\cos x^2+2}$

(7) $\lim\limits_{x\to 0}\dfrac{\ln(1+x)}{x}$ (8) $\lim\limits_{x\to 0}\dfrac{e^x-1}{x}$

2. 试判断函数 $f(x) = \begin{cases} x-1, & x \geq 0 \\ 2x, & x < 0 \end{cases}$ 在 $x = 0$ 处的连续性.

3. 设 $f(x) = \begin{cases} 2x + b, & x < 0 \\ a, & x = 0 \\ \dfrac{\sin x}{x}, & x > 0 \end{cases}$，问：

(1) a、b 为何值时，$f(x)$ 在 $x = 0$ 极限存在.

(2) a、b 为何值时，$f(x)$ 在 $x = 0$ 连续.

4. 设 $f(x) = \begin{cases} x^2 + 1, & x \geq 0 \\ a - e^x, & x < 0 \end{cases}$，问当 a 为何值时，$f(x)$ 在 $x = 0$ 连续.

第2章 导数及其应用

2.1 导数的概念

一、导数的定义

【案例1】 小王开车到100km外的一个景点，共用2个小时，平均速度为$\frac{100}{2}=50(\text{km/h})$，然而汽车仪表显示的速度（瞬时速度）却在不断地变化。事实上，汽车在做变速运动，那么如何计算汽车行驶的瞬时速度呢？

1. 变速直线运动的瞬时速度问题

已知变速直线运动物体的路程函数$s=s(t)$，求t_0时刻的瞬时速度。

我们知道，当时间从t_0改变到$t_0+\Delta t$时，物体在Δt这段时间内的平均速度为

$$\bar{v}=\frac{\Delta s}{\Delta t}=\frac{s(t_0+\Delta t)-s(t_0)}{\Delta t}$$

当Δt很小时，速度变化不大，可以近似地看做是匀速的。很明显，Δt越小，$\bar{v}$就越接近物体在t_0时刻的瞬时速度。当$\Delta t\to 0$时，如果极限$\lim\limits_{\Delta t\to 0}\frac{\Delta s}{\Delta t}$存在，就确定了物体在$t_0$时刻的瞬时速度，即

$$v(t_0)=\lim_{\Delta t\to 0}\frac{\Delta s}{\Delta t}=\lim_{\Delta t\to 0}\frac{s(t_0+\Delta t)-s(t_0)}{\Delta t}$$

2. 平面曲线的切线斜率问题

平面曲线$y=f(x)$的切线斜率如何求？

设曲线的方程为$y=f(x)$，如图2-1所示，设$P_0(x_0,y_0)$和$P(x_0+\Delta x,y_0+\Delta y)$为曲线$y=f(x)$上的两个点，连接$P_0$与$P$得割线$P_0P$，当点$P$沿曲线趋向于点$P_0$时，割线$P_0P$的极限位置$P_0T$叫做曲线$y=f(x)$在点$P_0$处的切线。下面求切线$P_0T$的斜率。

设φ为割线P_0P的倾斜角，那么割线P_0P的斜率为$\tan\varphi$，由于当点P沿曲线趋向于点P_0（即$\Delta x\to 0$）时，割线P_0P的极限就是切线P_0T，所以切线P_0T的斜率为：

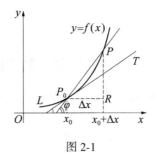

图 2-1

$$k = \lim_{\Delta x \to 0}\tan\varphi = \lim_{\Delta x \to 0}\frac{PR}{P_0R} = \lim_{\Delta x \to 0}\frac{\Delta y}{\Delta x} = \lim_{\Delta x \to 0}\frac{f(x_0 + \Delta x) - f(x_0)}{\Delta x}$$

上面所讨论的两个问题，一个是几何问题，一个是物理问题，其具体背景不一样，但解决问题的数学方法是相同的，即函数在某点的增量与其自变量增量之比的极限，即函数的变化率，我们称之为函数的导数.

【定义 1】 设函数 $y = f(x)$ 在 x_0 的邻域有定义，当自变量 x 在 x_0 处有改变量 Δx 时，相应的函数 y 有改变量 $\Delta y = f(x_0 + \Delta x) - f(x_0)$，若函数的改变量与自变量的改变量之比的极限

$$\lim_{\Delta x \to 0}\frac{\Delta y}{\Delta x} = \lim_{\Delta x \to 0}\frac{f(x_0 + \Delta x) - f(x_0)}{\Delta x}$$

存在，则称函数 $y = f(x)$ 在点 x_0 处可导，并称这个极限值为函数 $y = f(x)$ 在点 x_0 处的导数，记为 $f'(x_0)$、$y'\big|_{x=x_0}$、$\dfrac{dy}{dx}\big|_{x=x_0}$ 或 $\dfrac{df(x)}{dx}\big|_{x=x_0}$. 即

$$f'(x_0) = \lim_{\Delta x \to 0}\frac{\Delta y}{\Delta x} = \lim_{\Delta x \to 0}\frac{f(x_0 + \Delta x) - f(x_0)}{\Delta x}.$$

若定义中极限不存在，则称函数 $y = f(x)$ 在点 x_0 处没有导数或不可导.

如果函数 $y = f(x)$ 在开区间 (a, b) 内的每一点都可导，就称函数 $f(x)$ 在开区间 (a, b) 内可导. 此时对于任意 $x \in (a, b)$，都对应着 $f(x)$ 的一个确定的导数值. 如此就构造了一个新的函数，这个函数就叫做原来函数 $y = f(x)$ 的导函数，记为：y'、$f'(x)$、$\dfrac{dy}{dx}$ 或 $\dfrac{df(x)}{dx}$.

在定义中把 x_0 换成 x 即得到导函数的定义形式：即

$$f'(x) = \lim_{\Delta x \to 0}\frac{f(x + \Delta x) - f(x)}{\Delta x}.$$

在不致混淆的情况下，导函数也简称为导数.

【例 1】 根据定义求函数 $y = x^2$ 的导数.

【解】 $y' = \lim\limits_{\Delta x \to 0} \dfrac{\Delta y}{\Delta x} = \lim\limits_{\Delta x \to 0} \dfrac{(x+\Delta x)^2 - x^2}{\Delta x} = \lim\limits_{\Delta x \to 0}(2x + \Delta x) = 2x.$

即 $(x^2)' = 2x.$

二、导数的几何意义——曲线在已知点的切线斜率

函数 $y = f(x)$ 在点 x_0 处的导数 $f'(x_0)$ 在几何上表示曲线 $y = f(x)$ 在点 $P_0(x_0, f(x_0))$ 处的切线的斜率,即

$$k_{切} = f'(x_0),$$

曲线 $y = f(x)$ 在点 $P_0(x_0, f(x_0))$ 处的切线方程为:

$$y - y_0 = f'(x_0)(x - x_0).$$

【例2】 求曲线 $y = x^3$ 在点 $(1,1)$ 处的切线方程.

【解】 由导数的几何意义知, $k_{切线} = y'|_{x=1}$, 由于 $y' = (x^3)' = 3x^2$(参考后面的导数公式), 于是 $k_{切线} = 3 \times 1 = 3$, 所以曲线在点 $(1,1)$ 处的切线方程为

$$y - 1 = 3(x - 1),\quad 即:3x - y - 2 = 0.$$

2.2 导数的计算

一、基本初等函数的导数公式

(1) $c' = 0$　　　　　　　　　　　　(2) $(x^\alpha)' = \alpha x^{\alpha-1}$

(3) $(a^x)' = a^x \ln a\,(a > 0, a \neq 1)$　　(4) $(e^x)' = e^x$

(5) $(\log_a x)' = \dfrac{1}{x \ln a}(a > 0, a \neq 1)$　(6) $(\ln x)' = \dfrac{1}{x}$

(7) $(\sin x)' = \cos x$　　　　　　　(8) $(\cos x)' = -\sin x$

(9) $(\tan x)' = \sec^2 x$　　　　　　 (10) $(\cot x)' = -\csc^2 x$

(11) $(\sec x)' = \sec x \tan x$　　　　 (12) $(\csc x)' = -\csc x \cot x$

(13) $(\arcsin x)' = \dfrac{1}{\sqrt{1-x^2}}$　　(14) $(\arccos x)' = -\dfrac{1}{\sqrt{1-x^2}}$

(15) $(\arctan x)' = \dfrac{1}{1+x^2}$　　　(16) $(\text{arccot}\, x)' = -\dfrac{1}{1+x^2}$

二、导数的四则运算法则

【定理1】 设 $u = u(x)$、$v = v(x)$ 是可导函数, 则它们经过加减乘除四则运算组合而成的函数仍可导, 且其导数满足以下法则:

(1) $(u \pm v)' = u' \pm v'$

(2) $(uv)' = u'v + uv'$，特别地，$(Cu)' = Cu'$

(3) $\left(\dfrac{u}{v}\right)' = \dfrac{u'v - uv'}{v^2}(v \neq 0)$

【例3】 设 $y = 1 + 3x^4 - \dfrac{1}{\sqrt{x}} + e^x$，求 y'.

【解】 $y' = (1)' + (3x^4)' - \left(\dfrac{1}{\sqrt{x}}\right)' + (e^x)' = 12x^3 + \dfrac{1}{2}x^{-\frac{3}{2}} + e^x$.

【例4】 设 $y = e^x \sin x$，求 y'.

【解】 $y' = (e^x \sin x)' = (e^x)' \sin x + e^x (\sin x)' = e^x \sin x + e^x \cos x$.

【例5】 设 $y = \dfrac{x}{\cos x}$，求 y'.

【解】 $y' = \left(\dfrac{x}{\cos x}\right)' = \dfrac{x' \cos x - x(\cos x)'}{\cos^2 x} = \dfrac{\cos x + x \sin x}{\cos^2 x}$

【例6】 设 $y = \tan x$，求 y'.

【解】 $y' = (\tan x)' = \left(\dfrac{\sin x}{\cos x}\right)' = \dfrac{(\sin x)' \cos x - \sin x (\cos x)'}{\cos^2 x}$

$= \dfrac{\cos^2 x + \sin^2 x}{\cos^2 x} = \dfrac{1}{\cos^2 x} = \sec^2 x$.

即 $(\tan x)' = \sec^2 x$.

类似可得 $(\cot x)' = -\csc^2 x$.

三、复合函数的求导法则

【定理2】 若函数 $u = \varphi(x)$ 在点 x 处可导，函数 $y = f(u)$ 在对应点 $u = \varphi(x)$ 处也可导，则复合函数 $y = f[\varphi(x)]$ 在点 x 处可导，且有

$$\{f[\varphi(x)]\}' = f'(u)\varphi'(x)，\text{ 或 } \dfrac{dy}{dx} = \dfrac{dy}{du} \cdot \dfrac{du}{dx}.$$

【例7】 设 $y = \ln \tan x$，求 $\dfrac{dy}{dx}$.

【解】 $y = \ln \tan x$ 可看成 $y = \ln u$，$u = \tan x$ 复合而成的，因此

$$\dfrac{dy}{dx} = \dfrac{dy}{du} \cdot \dfrac{du}{dx} = \dfrac{1}{u} \sec^2 x = \cot x \sec^2 x.$$

【例8】 设 $y = e^{-x^2}$，求 $\dfrac{dy}{dx}$.

【解】 $y = e^{-x^2}$ 由 $y = e^u$，$u = -x^2$ 复合而成，因而

$$\dfrac{dy}{dx} = \dfrac{dy}{du} \dfrac{du}{dx} = e^u \cdot (-2x) = -2x e^{-x^2}.$$

【例9】 设 $y = e^{\sqrt{x}}$,求 $\dfrac{dy}{dx}$.

【解】 $y' = (e^{\sqrt{x}})' = e^{\sqrt{x}}(\sqrt{x})' = \dfrac{e^{\sqrt{x}}}{2\sqrt{x}}.$

四、高阶导数

【案例2】 变速直线运动的路程函数为 $s(t) = v_0 t + \dfrac{1}{2}at^2$,求 t 时刻的速度和加速度.

【解】 $v(t) = s'(t) = v_0 + at$, $a(t) = v'(t) = a.$

一般地,函数 $y = f(x)$ 的导数 $y' = f'(x)$ 仍然是 x 的函数,如果 $f'(x)$ 仍可求导,我们把 $y' = f'(x)$ 的导数 $(y')' = (f'(x))'$ 叫做函数 $y = f(x)$ 的二阶导数,记作

$$y'', \quad f''(x) \text{ 或 } \dfrac{d^2 y}{dx^2} = \dfrac{d}{dx}\left(\dfrac{dy}{dx}\right).$$

类似地,$y''' = (y'')'$,$\cdots$,$y^{(n)} = (y^{(n-1)})'$.

【例10】 设 $y = 4x^3 - 7x^2 + 6$,求 y'',y''',$y^{(4)}$.

【解】 $y' = 12x^2 - 14x$,$y'' = 24x - 14$,$y''' = 24$,$y^{(4)} = 0.$

2.3 函数的微分与洛必达法则

一、函数的微分

【案例3】 一块正方形的金属薄片受热均匀膨胀,其边长由 x_0 变到 $x_0 + \Delta x$,问此薄片的面积改变了多少?

【分析】 正方形金属薄片受热膨胀后面积增加了

$$\Delta S = (x_0 + \Delta x)^2 - x_0^2 = 2x_0 \Delta x + (\Delta x)^2 \approx 2x_0 \Delta x.$$

即 $\Delta S \approx 2x_0 \Delta x$. 由于 $S'(x_0) = 2x_0$,所以上式可写成:

$$\Delta S \approx S'(x_0) \Delta x.$$

【定义2】 设函数 $y = f(x)$ 在点 x 处可导,那么 $f'(x)\Delta x$ 称为函数 $y = f(x)$ 在点 x 的微分,记为

$$dy = f'(x)\Delta x.$$

显然 $dx = (x)'\Delta x = \Delta x$,所以函数 $y = f(x)$ 的微分又可记为:

$$dy = f'(x)dx.$$

将 $dy = f'(x)dx$ 两边同除以 dx,得

$$\frac{dy}{dx} = f'(x).$$

这表明，函数的微分与自变量的微分之商等于该函数的导数，因此导数又叫做微商.

【例 11】 设函数 $y = \sin x$，求 dy.

【解】 $dy = (\sin x)' dx = \cos x dx$.

【例 12】 设函数 $y = 2x + \ln x$，求 dy.

【解】 $dy = (2x + \ln x)' dx = \left(2 + \dfrac{1}{x}\right) dx$.

【例 13】 设函数 $y = \sin^3 2x$，求 dy.

【解】 $dy = (\sin^3 2x)' dx = 6\sin^2 2x \cdot \cos 2x dx$.

二、洛必达法则

把两个无穷小量之比或两个无穷大量之比的极限称为 $\dfrac{0}{0}$ 型或 $\dfrac{\infty}{\infty}$ 型未定式的极限. 洛必达法则就是以导数为工具求未定式极限的方法.

【定理 3】(洛必达法则) 设 (1) $\lim\limits_{x \to x_0} f(x) = \lim\limits_{x \to x_0} g(x) = 0$；

(2) 在 x_0 的某邻域内(点 x_0 可除外)，$f'(x)$ 与 $g'(x)$ 都存在，且 $g'(x) \neq 0$；

(3) $\lim\limits_{x \to x_0} \dfrac{f'(x)}{g'(x)} = A$ (或 ∞)，

则有

$$\lim_{x \to x_0} \frac{f(x)}{g(x)} = \lim_{x \to x_0} \frac{f'(x)}{g'(x)} = A \text{ (或 } \infty\text{)}.$$

注：若 $\lim\limits_{x \to x_0} \dfrac{f'(x)}{g'(x)}$ 仍是 $\dfrac{0}{0}$ 型，且 $f'(x)$ 与 $g'(x)$ 也满足定理中的条件，则可继续使用洛必达法则.

对于 $x \to \infty$ 时，只要满足定理中的条件，同样有 $\lim\limits_{x \to \infty} \dfrac{f(x)}{g(x)} = \lim\limits_{x \to \infty} \dfrac{f'(x)}{g'(x)}$.

【例 14】 求 $\lim\limits_{x \to 0} \dfrac{1 - \cos x}{x^2}$.

【解】 是 $\dfrac{0}{0}$ 型，所以有 $\lim\limits_{x \to 0} \dfrac{1 - \cos x}{x^2} = \lim\limits_{x \to 0} \dfrac{\sin x}{2x} = \dfrac{1}{2}$.

【例 15】 求 $\lim\limits_{x \to 1} \dfrac{x^3 - 3x + 2}{x^3 - x^2 - x + 1}$.

【解】 是 $\dfrac{0}{0}$ 型，所以有 $\lim\limits_{x \to 1} \dfrac{x^3 - 3x + 2}{x^3 - x^2 - x + 1} = \lim\limits_{x \to 1} \dfrac{3x^2 - 3}{3x^2 - 2x - 1} = \lim\limits_{x \to 1} \dfrac{6x}{6x - 2} = \dfrac{3}{2}$.

【例16】 求 $\lim\limits_{x\to 0}\dfrac{e^x-1}{x}$.

【解】 $\lim\limits_{x\to 0}\dfrac{e^x-1}{x}=\lim\limits_{x\to 0}\dfrac{e^x}{1}=e^0=1.$

【例17】 求 $\lim\limits_{x\to 0}\dfrac{\ln x}{x}\left(\dfrac{\infty}{\infty}\right)$.

【解】 $\lim\limits_{x\to +\infty}\dfrac{\ln x}{x}=\lim\limits_{x\to 0}\dfrac{\frac{1}{x}}{1}=\infty.$

【例18】 求 $\lim\limits_{x\to +\infty}\dfrac{x^3+3x+1}{3x^3+2x-4}$.

【解】 $\lim\limits_{x\to +\infty}\dfrac{x^3+3x+1}{3x^3+2x-4}=\lim\limits_{x\to +\infty}\dfrac{3x^2+3}{9x^2+2}=\lim\limits_{x\to +\infty}\dfrac{6x}{18x}=\dfrac{1}{3}.$

2.4 导数的应用(1)——最优化问题

企业生产经营中何时利润最大,何时平均成本最低,工程领域中怎样使用材料才能让效率最高、性能最好、进程最快等,这些问题统称为最优化问题.

一、函数的单调性

【案例4】 某工厂生产某种产品的利润函数为 $L(q)=300q-\dfrac{q^2}{2}-40000$,试研究利润 L 与产量 q 的变化趋势.

【分析】 利润 L 随着产量 q 的增长而增长,到一定产量后又随着产量增长而降低,可以用导数来判定函数的单调区间,揭示利润的变化趋势.

从图2-2、图2-3中可以看出,函数单调增加和单调减少与切线的斜率的正、负有关,即与导数的符号有关.

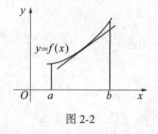

图2-2

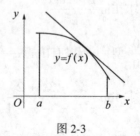

图2-3

【定理 4】 设函数 $f(x)$ 在区间 (a, b) 内可导,

若 $f'(x) > 0$,则 $f(x)$ 在区间 (a, b) 内是单调增加的;

若 $f'(x) < 0$,则 $f(x)$ 在区间 (a, b) 内是单调减少的.

例如:在案例 4 中,$L'(q) = 300 - q$ 所以当 $q \leq 300$ 时,$L' > 0$,利润单调增加,当 $q \geq 300$ 时,$L' < 0$,利润单调减少.

一个函数可能在有些区间内单调增加,在其他区间单调减少,通常先求出函数的定义域,再求出使 $f'(x) = 0$ 的点(称为驻点)和不存在的点(称为不可导点),用这些点将定义域分成若干个小区间,确定 $f'(x)$ 在各小区间内的符号,从而确定函数的单调性.

【例 19】 判定函数 $f(x) = 3x - x^3$ 的单调区间.

【解】 $f(x) = 3x - x^3$ 的定义域为 $(-\infty, +\infty)$.

$f'(x) = 3 - 3x^2 = 3(1 - x)(1 + x)$.

令 $f'(x) = 0$,得 $x_1 = 1$,$x_2 = -1$,列表讨论如下:

x	$(-\infty, -1)$	-1	$(-1, 1)$	1	$(1, +\infty)$
$f'(x)$	$-$	0	$+$	0	$-$
$f(x)$	↘		↗		↘

所以函数的单调增加区间是 $[-1, 1]$,单调减少区间是 $(-\infty, -1]$ 和 $[1, +\infty)$.

二、函数的极值

先介绍函数极值的概念.

设函数 $y = f(x)$ 的图形如图 2-4 所示.

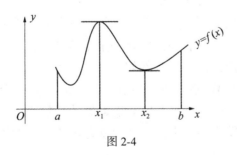

图 2-4

从图上可以看出:在 $x = x_1$,$f(x_1)$ 比 x_1 附近两侧的函数值都大,在 $x = x_2$ 处,$f(x_2)$ 比 x_2 附近两侧的函数值都小,这种局部的最大最小值具有很大的实际

意义. 对此我们引入如下定义：

【定义3】 设$f(x)$在点x_0的某邻域内有定义，若在该邻域内任取一点$x(x \neq x_0)$，恒有$f(x) < f(x_0)$，则称$f(x_0)$为极大值，x_0为极大值点，若恒有$f(x) > f(x_0)$，则称$f(x_0)$为极小值，x_0为极小值点.

极大值和极小值统称为极值，极大值点和极小值点统称为极值点.

【定理5】（极值的第一判别法） 设$f(x)$在点x_0处连续，在x_0的邻域内可导，x_0为$f(x)$的驻点或不可导点.

(1) 若$f'(x_0)$在x_0两边从负变到正，则$f(x_0)$为极小值；
(2) 若$f'(x_0)$在x_0两边从正变到负，则$f(x_0)$为极大值；
(3) 若$f'(x_0)$在x_0两边符号相同，则$f(x_0)$不是极值.

【例20】 求函数$y = 4x^2 - 2x^4$的极值.

【解】 函数的定义域为$(-\infty, +\infty)$，
$y' = 8x - 8x^3 = 8x(1-x)(1+x)$，令$y' = 0$，得三个驻点$x_1 = -1, x_2 = 0, x_3 = 1$.
列表如下：

x	$(-\infty, -1)$	-1	$(-1, 0)$	0	$(0, 1)$	1	$(1, +\infty)$
y'	$+$	0	$-$	0	$+$	0	$-$
y	↗	2	↘	0	↗	2	↘

所以函数在$x_1 = -1$处有极大值$f(-1) = 2$；在$x_3 = 1$处也有极大值$f(1) = 2$；而在$x_2 = 0$处有极小值$f(0) = 0$.

三、函数的最大值和最小值

函数在某一范围内取得的函数值最大的称为函数的最大值，最小的称为函数最小值，最大值和最小值统称为函数的最值.

函数极值与最值是两个不同的概念，极值是一种局部性的概念，它只限于与x_0的某邻域的函数值比较来说的；而最值是一个整体概念，它是就整个区间的函数值比较来说的，那么如何求最值呢？步骤如下：

(1) 求$f'(x)$，再求出驻点和不可导点；
(2) 计算出驻点，不可导点以及区间端点处的函数值；
(3) 比较上述各函数值的大小，最大的就是函数的最大值，最小的就是函数的最小值.

【例21】 求$f(x) = x^3 - 6x^2 + 5$在$[-1, 2]$上的最值.

【解】 $f'(x) = 3x^2 - 12x = 3x(x-4)$，令$f'(x) = 0$，得$x_1 = 0$，$x_2 = 4$(舍去).
又$f(0) = 5$，$f(-1) = -2$，$f(2) = -11$，所以函数的最大值为$f(0) = 5$，最小值

为 $f(2) = -11$.

四、最优化问题

【案例5】（用料最省） 要造一个容积为350mL的带盖圆柱形桶，问桶的半径 r 和桶高 h 应如何设计才能使用料最省？

【解】 设圆桶容积 $V = 350(\text{mL})$，要使用料最省，就要桶的表面积 S 最小

由 $V = \pi r^2 h$，得 $h = \dfrac{V}{\pi r^2}$，故 $S = 2\pi r^2 + 2\pi rh = 2\pi r^2 + \dfrac{2V}{r}$.

令 $S' = 0$ 得唯一驻点 $r = \sqrt[3]{\dfrac{V}{2\pi}}$，也是极小值点，这个极小值点也就是所求的最小值点.

从而，$r = \sqrt[3]{\dfrac{V}{2\pi}}$，$h = 2\sqrt[3]{\dfrac{V}{2\pi}} = 2r$，此时用料最省.

【思考】 市场上装饮料的易拉罐是否按这样的比例设计的？若不是，为什么，其比例又是怎样的？

【分析】 易拉罐为了安全，顶盖的厚度是罐身厚度的3倍，设罐身厚度为 a，则罐身用料（体积）为 $V_1 = a(\pi r^2 + 2\pi rh)$，顶盖用料（体积）为 $V_1 = 3a\pi r^2$.

易拉罐的用料（体积）为 $y = V_1 + V_2 = a\left[\pi(2r)^2 + \dfrac{2V}{r}\right]$

令 $y' = 0$ 得 $r = \sqrt[3]{\dfrac{V}{4\pi}}$，此时 $h = \dfrac{V}{\pi r^2} = 4r$，即易拉罐高为底面直径的2倍时用料最省.

【案例6】（库存-成本模型） 某公司每月需要某种商品2500件，每件金额150元，每年每件商品的库存成本为每件金额的16%，每次订货费100元，如果销售量是均匀的（即商品的平均库存量为每批订购量的一半），试求最优批量及最低成本（即库存费与订货费之和最小）.

【解】 设批量为 x 件 $(x > 0)$，则平均库存量为 $\dfrac{x}{2}$，订货次数为 $\dfrac{2500}{x}$，

库存费 = (库存量) × (库存成本) = $\dfrac{x}{2} \cdot \dfrac{150 \times 16\%}{12} = x$，

订货费 = (订货次数) × (订货量) = $\dfrac{2500}{x} \times 100 = \dfrac{250000}{x}$，

库存成本 $C(x)$ = 库存费 + 订货费，从而

$$C(x) = x + \dfrac{250000}{x}, \quad C'(x) = 1 - \dfrac{250000}{x^2}.$$

令 $C'(x) = 0$ 得 $x_1 = 500$，$x_2 = -500$（舍去），$C(500) = 1000$. 由于这是实际问

题,最小值一定存在,因此最优批量为每次 500 件,每月订货次数为 $\frac{2500}{500} = 5$ 次,最低成本为 1000 元.

2.5 导数的应用(2)——边际分析与弹性分析

一、边际分析

边际概念是经济学的一个重要概念,通常指经济变量的变化率,即导数 $f'(x)$ 称为函数 $f(x)$ 的边际函数,经济学中常用的边际概念有边际成本、边际收入、边际利润.

1. 边际成本

边际成本是成本函数的导数,即 $C'(q) = \lim\limits_{\Delta q \to 0} \dfrac{C(q + \Delta q) - C(q)}{\Delta q}$. 在经济学中解释为:边际成本 $C'(q)$ 表示当产量为 q 时,再增加(或减少)生产一个单位产品所增加(或减少)的总成本量.

【例 22】 某公司生产某种产品的总成本函数为 $C(q) = 8000 + 200q - 0.2q^2$.

(1) 指出固定成本、可变成本,并求边际成本函数;

(2) 求产量为 250 件时的平均成本、边际成本,并说明其经济意义;

(3) 当生产第 251 件产品时的实际制造成本为多少?从降低成本角度看,继续提交产量是否合适?

【解】 (1) 固定成本 $C_0 = 8000$,可变成本 $C_1 = 200q - 0.2q^2$,边际成本函数 $C'(q) = 200 - 0.4q$.

(2) $\overline{C}(250) = \dfrac{C(250)}{250} = 182$(元). $C'(250) = 100$(元),其经济意义是当产量为 250 件时,再多生产一件产品所增加的成本是 100 元,边际成本低于平均成本,是因为平均成本包括了固定成本.

(3) $C(251) - C(250) = 99.8$(元).

可见,生产第 251 件产品时的实际制造成本与 $x = 250$ 时的边际成本非常接近. 在经济学中,一般只需要考虑边际成本而不需要计算实际制造成本,这样计算量就大为简化,因为在生产水平为 250 件时,每增加一个产品成本增加约为 100 元,这低于当前的单位平均成本 182 元,从降低成本角度看,应该继续提高产量.

2. 边际收入

边际收入是收入函数的导数,即 $R'(q)$. 在经济学中的意义为:当销量为 q 时,再增加(或减少)销售一个单位产品时所增加(或减少)的总收入量.

【例23】 某家电的销售量 $q = 1200 - 3p$(其中 p 为价格),求
(1) 收入函数,边际收入函数;
(2) 销售量为 480 时的总收入,平均收入和边际收入;
(3) 销售量为 600 和 660 时的边际收入,并解释结果.

【解】 (1) 由 $q = 1200 - 3p$ 得 $p = \frac{1}{3}(1200 - q)$,

收入函数为 $R(q) = pq = 400q - \frac{1}{3}q^2$,

边际收入为 $R'(q) = 400 - \frac{2}{3}q$.

(2) $R(480) = 115200$,$\bar{R}(480) = \frac{R(480)}{480} = 240$,$R'(480) = 80$. 表明销售第 481 个商品时增加收入 80.

(3) $R'(600) = 0$,表明销售第 601 个商品时增加的收入约为 0.

$R'(660) = -40$,表明销售第 661 个商品时减少的收入约为 40. 由此可见,并非销售量越大,收入越多,当销售量为 600 时,总收入最大.

3. 边际利润

边际利润是利润函数的导数,即 $L'(q)$. 在经济学中的意义为:当销量为 q 时,再增加(或减少)销售一个单位产品所增加(或减少)的总利润量.

【例24】 某矿产公司生产某种矿产 q 吨的总成本函数为 $C(q) = 1000 + 360q + 0.2q^2$(元),如果每吨矿产的销售价为 400 元,求
(1) 边际利润;
(2) 当销量为 50 吨和 120 吨时的边际利润,并解释结果;
(3) 最大利润时的产量.

【解】 (1) 收入函数 $R(q) = pq = 400q$,

利润函数 $L(q) = R(q) - C(q) = -1000 + 40q - 0.2q^2$,

故边际利润为 $L'(q) = 40 - 0.4q$.

(2) $L'(50) = 20$(元),表示销售第 51 吨矿产时增加利润 20 元.

$L'(120) = -8$(元),表示销售第 121 吨矿产时减少利润 8 元.

(3) 当 $L'(q) = 0$ 时得 $q = 100$(吨),此时利润最大.

二、弹性分析

前面讨论的边际函数是函数的绝对改变量与自变量绝对改变量的比率问题,实际中,还需要研究函数的相对变化率.

1. 弹性的概念

【引例】 商品 A 每件售价 10 元,涨价 1 元;商品 B 每件售价 1000 元,也涨价 1

元，哪种商品的涨价幅度更大呢？显然 A 涨价 10%，B 涨价 0.1%，A 的涨价幅度比 B 更大，因此，为了获取可比性，需要研究函数的相对改变量的比率——弹性分析.

【定义 4】 设函数 $y = f(x)$ 在点 x 可导，如果极限

$$\lim_{\Delta x \to 0} \frac{\frac{f(x + \Delta x) - f(x)}{f(x)}}{\frac{\Delta x}{x}} = \lim_{\Delta x \to 0} \frac{x}{f(x)} \frac{f(x + \Delta x) - f(x)}{\Delta x} = x \frac{f'(x)}{f(x)}$$

存在，则称此极限值为函数 $y = f(x)$ 在点 x 处的弹性，记作 $\frac{Ey}{Ex}$ 或 $\frac{Ef(x)}{Ex}$，即

$$\frac{Ey}{Ex} = x \frac{f'(x)}{f(x)} = \frac{x}{f(x)} \cdot f'(x).$$

函数的弹性 $\frac{Ey}{Ex}$ 反映了随着 x 的变化，$f(x)$ 变化幅度的大小，$\frac{Ey}{Ex}$ 表示在点 x 处，当自变量产生 1% 的变化时，函数 $f(x)$ 就会近似地改变 $\left|\frac{Ey}{Ex}\right|\%$.

2. 需求弹性

设需求函数 $Q = Q(p)$ 在 p 处可导，称 $-\frac{p}{Q(p)} Q'(p)$ 为价格为 p 时的需求弹性，记为

$$\frac{EQ}{EP} = -\frac{p}{Q(p)} Q'(p)$$

它表示当价格为 p 时，价格上涨 1%，需求量会减少 $\frac{EQ}{EP}\%$.

【例 25】 某商品的需求函数为求 $Q(p) = 9\mathrm{e}^{-\frac{p}{3}}$，求：

（1）需求弹性；

（2）当 $p = 1$，$p = 3$，$p = 6$ 时的需求弹性，并说明其经济意义.

【解】 （1）$\frac{EQ}{EP} = -\frac{p}{Q(p)} Q'(p) = \frac{1}{3}p$；

（2）$EQ|_{P=1} = \frac{1}{3} \approx 0.33$，即当价格 $p = 1$ 时，提价 1%，需求量将减少约 0.33%；

$EQ|_{P=3} = 1$，即当价格 $p = 3$ 时，提价 1%，需求量将减少约 1%；

$EQ|_{P=6} = 2$，即当价格 $p = 6$ 时，提价 1%，需求量将减少约 2%.

根据需求弹性系数的大小可以将其划分为：富有弹性、缺乏弹性、单位弹性.

$EQ(p) > 1$，称需求量对价格富有弹性，即价格的相对变化将引起需求量的较大相对变化；

$EQ(p) < 1$，称需求量对价格缺乏弹性，即价格的相对变化只能引起需求量的

微小变化；

$EQ(p) = 1$，称需求量对价格是单位弹性，它表明在任何价格水平下，价格变动 1% 时，需求量均按照同样的百分比变化.

习题 A

习题 2.1

1. 求下列函数的导数：

(1) $y = \pi$ (2) $y = x^5$ (3) $y = \log_2 x$ (4) $y = \sqrt{x}$

2. 求曲线 $y = x^2$ 在 $(1, 1)$ 处的切线方程.

习题 2.2

1. 求下列函数的导数：

(1) $y = x^2 + 2^x - \pi$ 　　(2) $y = 2x^3 - \dfrac{1}{x^2} + \sin\dfrac{\pi}{4}$

(3) $y = x\cos x$ 　　(4) $y = \dfrac{\sin x}{x}$

(5) $y = \dfrac{\ln x}{x - 1}$ 　　(6) $y = e^x \ln x$

2. 求下列复合函数的导数：

(1) $y = (2x + 1)^{10}$ 　　(2) $y = \sin(3x^2 + 2x - 1)$

(3) $y = (x\ln x)^2$ 　　(4) $y = (2x^2 + 1)(1 - x)$

(5) $y = \arctan\sqrt{x}$ 　　(6) $y = \arcsin\dfrac{x}{2}$

(7) $y = \ln[\ln(\ln x)]$ 　　(8) $y = x^2 \sin\dfrac{1}{x}$

(9) $y = \sqrt{x^2 - 2x + 5}$ 　　(10) $y = e^{\tan x}$

(11) $y = \log_3(2 + 3x^2)$ 　　(12) $y = (x\sin^2 x)^2$

3. 求下列函数的二阶导数：

(1) $y = 2x^3 - 3x^2 + 5$ 　　(2) $y = e^x + x^3$

(3) $y = \ln x$ 　　(4) $y = 5^x$

习题 2.3

1. 求下列函数的微分：

(1) $y = 3x^3 + 2x$ 　　(2) $y = \ln(1 - 3x)$

(3) $y = \cos\dfrac{x}{2}$ (4) $y = xe^{2x}$

(5) $e^{\cos x}$ (6) $y = \dfrac{1}{1+2x}$

2. 用洛必达法则求下列极限：

(1) $\lim\limits_{x\to 0}\dfrac{x^2}{e^x - 1}$ (2) $\lim\limits_{x\to 0}\dfrac{x^2}{x - \sin x}$

(3) $\lim\limits_{x\to 0}\dfrac{e^x - e^{-x}}{\sin x}$ (4) $\lim\limits_{x\to 0}\dfrac{e^x - 1}{\cos x - 1}$

(5) $\lim\limits_{x\to 0}\dfrac{(mx)^2}{x}$ (6) $\lim\limits_{x\to 0}\dfrac{x - \sin x}{x\sin x}$

(7) $\lim\limits_{x\to 0}\dfrac{\tan x - x}{x^2 \tan x}$ (8) $\lim\limits_{x\to 1}\left(\dfrac{1}{x-1} - \dfrac{x}{\ln x}\right)$

习题 2.4

1. 求下列函数的单调区间：

(1) $y = x^2 - 5x + 6$ (2) $y = 2x^3 - 3x^2 - 12x + 1$

(3) $y = x^3 - 3x^2$ (4) $y = x - e^x$

2. 求下列函数的极值：

(1) $f(x) = 2x^3 - 3x^2 + 1$ (2) $f(x) = \dfrac{x}{x^2 + 1}$

(3) $f(x) = x^4 - 8x^2$ (4) $f(x) = \dfrac{x}{\ln x}$

3. 求下列函数在指定区间的最大值和最小值：

(1) $f(x) = x^3 + 1$，$[-1, 3]$；

(2) $f(x) = x^4 - 2x^2 + 3$，$[-2, 2]$.

4. 某路段在下午 1：00 至 6：00 的车流量是由如下函数来决定的：

$$f(t) = -0.02t^3 + 0.21t^2 - 0.6t + 2(百辆).$$

其中 $t = 0$ 代表正午 12：00. 试问：在下午何时的车流量最大？何时的车流量最小？

习题 2.5

1. 某厂生产某种产品，其固定成本为 3 万元，每生产 1 百件产品，成本增加 2 万元，其总收入 R（单位：万元）是产量 q（单位：百件）的函数 $R = 5q - \dfrac{1}{2}q^2$. 求达到最大利润时的产量.

2. 某商品需求量 q（单位：百件）与价格（单位：千元）之间的关系为 $q = \dfrac{90}{p+5} - 6$. 求：(1) 价格为多少时市场需求达到 10 百件？(2) 价格为多少时收入最大？

3. 某工厂日产能力最高为 1000 吨，每日产品的总成本 C(元) 是日产量 q(吨) 的函数：
$$C(q) = 1000 + 7q + 50\sqrt{q}, \quad q \in [0, 1000].$$
求当日产量为 100 吨时的边际成本，并解释其经济意义.

4. 设商品的需求函数为 $q = 800 - 10p$，其中 p 为价格，q 为需求量. 试求：边际收入函数及 $q = 150$ 和 $q = 400$ 时的边际收入，并解释所得结果的经济意义.

5. 某工厂加工某种产品的总成本函数和总收入函数分别为：
$$C(q) = 200 + 5q(元) \text{ 和 } R(q) = 10q - 0.01q^2(元).$$
试求：(1) 边际利润函数及日产量为 $q = 100$ 吨时的边际利润，(2) 每批生产多少时利润最大.

6. 设某商品的需求函数为 $Q = 1600\left(\dfrac{1}{4}\right)^p$，试求：需求弹性函数.

习题 B

习题 2.1

1. 讨论 $f(x) = |x|$ 在 $x = 0$ 处是否可导.

2. 讨论 $f(x) = \begin{cases} x, & x < 0 \\ x^2, & x \geq 0 \end{cases}$ 在 $x = 0$ 处是否连续，是否可导.

3. 求 $y = \sin x$ 在 $\left(\dfrac{2}{6}, \dfrac{1}{2}\right)$ 处的切线方程.

4. 一物体的运动方程为 $S = t^3 + 10$，求该物体在 $t = 3$ 时的瞬时速度.

5. 在抛物线 $y = x^2$ 上求一点使得该点处切线平行于直线 $y = 4x$，并求该点的切线方程.

6. 求 $y = \dfrac{1}{x}$ 在点 $\left(\dfrac{1}{2}, 2\right)$ 处的切线方程.

习题 2.2

1. 求下列函数的导数.

(1) $y = x^3 + \dfrac{1}{x} - 5x + \sqrt{x} + \ln 2$ (2) $y = \sqrt{x}\cos x + 3\ln x$

(3) $y = x^3 + \dfrac{1}{x^3}$　　　　(4) $y = x\sin x - \dfrac{1}{2}\cos x$

(5) $y = x^2(\ln x + 5x)$　　　　(6) $y = \dfrac{2x}{1-x^2}$

(7) $y = 5x^2 + 3e^x - 2\ln x$　　　　(8) $y = \dfrac{4}{x^3} + \dfrac{2}{x} + 10$

(9) $y = 2^x + 2\lg x + \log_2 x$　　　　(10) $y = \sin x \cos x$

(11) $y = 2e^x \sin x$　　　　(12) $y = x^2 \ln x$

(13) $y = \dfrac{\ln x}{x}$　　　　(14) $y = (2-x)(4+3x)$

(15) $y = \dfrac{1}{\ln x}$　　　　(16) $y = \dfrac{x+1}{x-1}$

2. 求下列复合函数的导数.

(1) $y = (2x-1)^3$　　　　(2) $y = \sin(1-3x)$

(3) $y = e^{2x^2}$　　　　(4) $y = \ln(1+2x)$

(5) $y = \sin^2 x$　　　　(6) $y = \ln\cos x$

(7) $y = \arctan x^2$　　　　(8) $y = \tan x^2$

(9) $y = \sqrt{1-x^2}$　　　　(10) $y = \dfrac{1}{1-x^2}$

(11) $y = \sin x^2$　　　　(12) $y = e^{\cos\frac{1}{x}}$

(13) $y = \dfrac{1}{\sqrt{3x+1}}$　　　　(14) $y = \dfrac{1}{1+2x}$

(15) $y = \cos^3 x$　　　　(16) $y = \ln[\ln(\ln x)]$

3. 求下列函数的二阶导数.

(1) $y = 3x^2 + 5x - 1$　　　　(2) $y = e^x \cos x$

(3) $y = 4x^2 \ln x$　　　　(4) $y = xe^{-x}$

(5) $y = 2^x$　　　　(6) $y = \ln(1+x)$

(7) $y = 4x^2 + \ln x$　　　　(8) $y = \sin x + \cos x$

(9) $y = e^{-x} + e^x$　　　　(10) $y = x\sin x$

习题 2.3

1. 求下列函数的微分.

(1) $y = 2x^2$　　　　(2) $y = \sqrt{3x^2+1}$

(3) $y = \cos(2x^2+1)$　　　　(4) $y = e^{-x}\sin x$

(5) $y = \sqrt{1+x}$　　　　(6) $y = x\cos x$

(7) $y = e^{\sin 2x}$　　　　　　(8) $y = \arccos\sqrt{x}$

(9) $y = x^3 + 3^x + 3^3 - \ln x + \ln 3$　(10) $y = \dfrac{1}{1-2x}$

2. 用洛必达法则求下列极限.

(1) $\lim\limits_{x\to 0}\dfrac{\ln(1+x)}{x}$　　　　(2) $\lim\limits_{x\to 0}\dfrac{2x-1}{x}$

(3) $\lim\limits_{x\to 0}\dfrac{x-\sin x}{x^3}$　　　　(4) $\lim\limits_{x\to 0}\dfrac{1-\cos 2x}{x\sin x}$

(5) $\lim\limits_{x\to 0}\dfrac{\sin 5x}{x}$　　　　(6) $\lim\limits_{x\to x_0}\dfrac{x^{30}-x_0^{30}}{x^{20}-x_0^{20}}$

(7) $\lim\limits_{x\to 0}\dfrac{1-\cos x^2}{x^2\sin x^2}$　　　　(8) $\lim\limits_{x\to\frac{\pi}{4}}\dfrac{\tan x-1}{\sin 4x}$

(9) $\lim\limits_{x\to 0^+}\dfrac{\ln x}{\ln \sin x}$　　　　(10) $\lim\limits_{x\to 0}\left(\dfrac{1}{x}-\dfrac{1}{e^x-1}\right)$

习题 2.4

1. 求下列函数的单调区间.

(1) $y = x + 2 - x^2$　　　　(2) $y = x + \sin x$

(3) $y = 2x^2 - \ln x$

2. 求下列函数的极值.

(1) $f(x) = 2x^3 - 6x^2 - 18x + 7$　(2) $f(x) = x - \sin x$

3. 求下列函数在指定区间的最大值和最小值.

(1) $f(x) = x^5 - 5x^4 + 5x^3 + 1$，$[-1, 2]$

(2) $f(x) = \dfrac{x-1}{x+1}$，$[0, 4]$

(3) $f(x) = 2x - \sin x$，$\left[0, \dfrac{\pi}{2}\right]$

4. 某工厂要做一个容积为108m³，底部为正方形的长方形水池，底部与侧面单位面积用料相同，问如何设计可以使水池用料最省？

5. 以直的河岸为一边，用篱笆围成一个矩形场地，有36m长的篱笆，问所能围成的最大场地面积是多少？

第3章 积分及其应用

3.1 原函数与不定积分

一、原函数与不定积分的定义

在实际生活中，常会遇到求导数(或微分)相反的问题，例如，已知销售某种产品所获得的总利润 $L(x)$，求边际利润是对总利润求导数 $L'(x)$；反过来，若已知边际利润 $L'(x)$，如何求总利润函数 $L(x)$. 这是一个与求导函数运算相反的问题.

又如，已知物体作直线运动的路程函数是 $S(t)$，其中 t 是时间，S 是距离，导数 $S'(t) = v(t)$ 就是物体在时刻 t 的瞬时速度. 在物理中有时要遇到相反的问题：已知物体的瞬时速度 $v(t)$，求物体的路程函数 $S = S(t)$，这也是一个与微分学中求导数相反的问题.

【定义1】 设 $f(x)$ 是定义在区间 I 上的已知函数，如果存在一个函数 $F(x)$，对于该区间上的每一点都满足

$$F'(x) = f(x) \text{ 或 } dF(x) = f(x)dx,$$

则称 $F(x)$ 为 $f(x)$ 在 I 上的一个原函数.

例如，在区间 $(-\infty, +\infty)$ 上，$(x^2)' = 2x$，故 x^2 是 $2x$ 在 $(-\infty, +\infty)$ 上的一个原函数.

而 $(x^2 + 3)' = 2x$，$(x^2 - 5)' = 2x$，故 $x^2 + 3$ 和 $x^2 - 5$ 都是 $2x$ 在 $(-\infty, +\infty)$ 上的原函数. 可见一个函数如果存在原函数，则其原函数不止一个，那么函数的原函数到底有多少个呢？

一般地，若 $F(x)$ 是 $f(x)$ 在 I 上的一个原函数，则 $F(x) + C$ 也是 $f(x)$ 的原函数，其中 C 为任意常数. 由 C 的任意性，$F(x) + C$ 表示了 $f(x)$ 的所有原函数.

【定义2】 若函数 $F(x)$ 是 $f(x)$ 在某区间 I 上的一个原函数，则把 $f(x)$ 的全体原函数 $F(x) + C$ 称为 $f(x)$ 的**不定积分**，记作 $\int f(x) dx$，即

$$\int f(x) dx = F(x) + C.$$

其中 $\int$ 称为积分号，$f(x)$ 称为被积函数，$f(x)dx$ 称为被积表达式，x 称为积分变

量，C 称为积分常数.

上面的例子可写为

$$\int 2x\mathrm{d}x = x^2 + C.$$

【例1】 求下列不定积分.

(1) $\int \cos x\mathrm{d}x$ 　　　　　　　　(2) $\int \dfrac{1}{1+x^2}\mathrm{d}x$

【解】 (1) 因为 $(\sin x)' = \cos x$ 所以

$$\int \cos x\mathrm{d}x = \sin x + C$$

(2) 因为 $(\arctan x)' = \dfrac{1}{1+x^2}$ 所以

$$\int \dfrac{1}{1+x^2}\mathrm{d}x = \arctan x + C$$

【例2】 已知曲线上任意一点切线的斜率为 $3x^2$，且曲线经过点 $(2,9)$，试求此曲线的方程.

【解】 由题意设曲线方程为 $y = f(x)$，则有
$$f'(x) = 3x^2$$
即
$$f(x) = x^3 + C$$
又曲线经过点 $(2,9)$，所以有 $f(2) = 9$，即 $C = 1$.
故所求曲线为 $y = x^3 + 1$.

【案例1】 结冰厚度.

美丽的冰城常年积雪，滑冰场完全靠自然结冰，结冰的速度由 $\dfrac{\mathrm{d}y}{\mathrm{d}t} = k\sqrt{t}$（$k$ 为常数）确定，其中 y 是从结冰起到时刻 t 的冰的厚度，求结冰厚度 y 关于时刻 t 的函数.

【解】 设结冰厚度 y 和时间 t 的函数关系为
$$y = y(t)$$
由 $\dfrac{\mathrm{d}y}{\mathrm{d}t} = k\sqrt{t}$ 知：

$$y = \int k\sqrt{t}\,\mathrm{d}t = \int kt^{\frac{1}{2}}\mathrm{d}t = \dfrac{2}{3}kt^{\frac{3}{2}} + C$$

其中，常数 C 由结冰的时间确定.

如果 $t = 0$ 时开始结冰的厚度为 0，即 $y(0) = 0$，则代入上式得 $C = 0$，这时 $y = \dfrac{2}{3}kt^{\frac{3}{2}}$ 为结冰厚度关于时间的函数.

二、不定积分的性质

【性质1】 $\left[\int f(x)\,dx\right]' = f(x)$ 或 $d\int f(x)\,dx = f(x)\,dx.$

【性质2】 $\int F'(x)\,dx = F(x) + C$ 或 $\int dF(x) = F(x) + C.$

【性质3】 $\int [f(x) \pm g(x)]\,dx = \int f(x)\,dx \pm \int g(x)\,dx.$

【性质4】 $\int kf(x)\,dx = k\int f(x)\,dx \quad (k \neq 0).$

三、基本积分公式

由于求不定积分与求导数为逆运算,所以由导数公式可以相应地得出下列积分公式.

(1) $\int k\,dx = kx + C$（k 为常数）;   (2) $\int x^{\mu}\,dx = \dfrac{x^{\mu+1}}{\mu+1} + C\,(\mu \neq -1)$;

(3) $\int \dfrac{1}{x}\,dx = \ln|x| + C$;   (4) $\int a^x\,dx = \dfrac{a^x}{\ln a} + C$;

(5) $\int e^x\,dx = e^x + C$;   (6) $\int \sin x\,dx = -\cos x + C$;

(7) $\int \cos x\,dx = \sin x + C$;   (8) $\int \sec^2 x\,dx = \tan x + C$;

(9) $\int \csc^2 x\,dx = -\cot x + C$;   (10) $\int \sec x \tan x\,dx = \sec x + C$;

(11) $\int \csc x \cot x\,dx = -\csc x + C$;   (12) $\int \dfrac{1}{\sqrt{1-x^2}}\,dx = \arcsin x + C$;

(13) $\int \dfrac{1}{1+x^2}\,dx = \arctan x + C.$

【例3】 求下列不定积分：

(1) $\int (1 - 2x)\,dx$;   (2) $\int (2e^x + \cos x)\,dx$

(3) $\int \dfrac{1}{x^3}\,dx$;   (4) $\int \dfrac{2x^2+1}{x}\,dx.$

【解】 (1) $\int (1-2x)\,dx = \int dx - 2\int x\,dx = x - x^2 + C.$

(2) $\int (2e^x + \cos x)\,dx = 2\int e^x\,dx + \int \cos x\,dx = 2e^x + \sin x + C.$

(3) $\int \dfrac{1}{x^3}\,dx = \int x^{-3}\,dx = -\dfrac{1}{2}x^{-2} + C.$

(4) $\int \dfrac{2x^2+1}{x}dx = \int\left(2x+\dfrac{1}{x}\right)dx = 2\int x dx + \int \dfrac{1}{x}dx = x^2 + \ln|x| + C.$

3.2 不定积分的换元法与分部积分法

这一节我们讨论不定积分的计算方法,包括换元法和分部积分法.

一、第一换元积分法(凑微分法)

问题：$\int e^{2x}dx = e^{2x} + C$ 是否成立?

验证：$(e^{2x} + C)' = 2e^{2x}$,所以上式不成立.

由于被积函数 e^{2x} 是复合函数,不能直接利用公式 $\int e^x dx = e^x + C.$

具体求法过程如下

$\int e^{2x}dx \xrightarrow{\text{凑微分}} \dfrac{1}{2}\int e^{2x}d(2x) \xrightarrow{\text{令}u=2x} \int e^u \dfrac{1}{2}du = \dfrac{1}{2}\int e^u du = \dfrac{1}{2}e^u + C \xrightarrow{\text{回代}} \dfrac{1}{2}e^{2x} + C.$

上面解法的特点是：换元 $u=2x$,把原来的积分变量为 x 的积分转化为积分变量为 u 的积分,再用积分公式求之. 这种方法的步骤如下：

$\int g(x)dx \xrightarrow{\text{恒等变形}} \int f(\varphi(x))\varphi'(x)dx \xrightarrow{\text{凑微分}} \int f(\varphi(x))d\varphi(x)$

$\xrightarrow{\text{换元}u=\varphi(x)} \int f(u)du \xrightarrow{\text{积分}} F(u) + C \xrightarrow{\text{回代}} F(\varphi(x)) + C$

这种先"凑"微分式,再作变量代换的方法,叫第一换元积分法,也称凑微分法.

【例4】 求 $\int(2x+7)^3 dx.$

【解】 设 $u = 2x+7$,得 $du = d(2x+7) = 2dx.$

$\int(2x+7)^3 dx = \dfrac{1}{2}\int u^3 du = \dfrac{1}{8}u^4 + C = \dfrac{1}{8}(2x+7)^4 + C.$

【例5】 求 $\int \cos 3x dx.$

【解】 $\int \cos 3x dx = \dfrac{1}{3}\int \cos 3x d(3x) = \dfrac{1}{3}\sin 3x + C.$

【例6】 求 $\int \dfrac{1}{1-2x}dx.$

【解】 $\int \dfrac{1}{1-2x}dx = -\dfrac{1}{2}\int \dfrac{1}{1-2x}d(1-2x) = -\dfrac{1}{2}\ln|1-2x| + C.$

【例7】 求 $\int xe^{x^2}dx$.

【解】 $\int xe^{x^2}dx = \frac{1}{2}\int e^{x^2}dx^2 = \frac{1}{2}e^{x^2} + C.$

【例8】 求 $\int \frac{\sin\sqrt{x}}{\sqrt{x}}dx$.

【解】 $\int \frac{\sin\sqrt{x}}{\sqrt{x}}dx = 2\int \sin\sqrt{x}\,d\sqrt{x} = -2\cos\sqrt{x} + C.$

【例9】 求 $\int \tan x\,dx$.

【解】 $\int \tan x\,dx = \int \frac{\sin x}{\cos x}dx = -\int \frac{1}{\cos x}d(\cos x) = -\ln|\cos x| + C.$

【案例2】 通过细胞膜渗透模型.

在某些条件下,一种溶解物通过细胞膜渗透,细胞内溶解物浓度在 t 时刻的变化率是 $\frac{dy}{dt} = ke^{-at}$,其中 a, k 是常数. 已知 $y(0) = y_0$,求 $y(t)$.

【解】 由题意知

$$\frac{dy}{dt} = y'(t) = ke^{-at},$$

于是

$$y(t) = \int ke^{-at}dt = -\frac{k}{a}\int e^{-at}d(-at) = -\frac{k}{a}e^{-at} + C.$$

由于 $y(0) = y_0$,代入上式得 $C = \frac{k}{a} + y_0$,故

$$y(t) = -\frac{k}{a}e^{-at} + \frac{k}{a} + y_0.$$

运用第一换元积分法的关键在于从被积表达式中分解出 $\varphi'(x)dx$,凑成微分 $d\varphi(x)$,这需要通过一定的训练才能熟练掌握.

二、第二换元积分法

第一类换元法是通过观察被积函数选择新的积分变量 $u = \varphi(x)$,从而把积分 $\int f[\varphi(x)]\cdot\varphi'(x)dx$ 变成 $\int f(u)du$ 后再积分. 但有些积分却需要作与以上相反的变换,令 $x = \psi(t)$,把 $\int f(x)dx$ 化成 $\int f(\psi(t))\psi'(t)dt$ 的形式以后再进行积分运算. 这种方法的步骤如下:

$$\int f(x)dx \xrightarrow{\text{换元 } x = \psi(t)} \int f(\psi(t))\psi'(t)dt \xrightarrow{\text{积分}} F(t) + C.$$

$$\xrightarrow{\text{回代 } t = \psi^{-1}(x)} F(\psi^{-1}(x)) + C.$$

这种方法称为第二换元积分法.

第二换元法的关键是选择恰当的 $x = \psi(t)$，此方法主要解决的是被积函数含有根式的积分.

【例10】 求 $\int \dfrac{1}{1-\sqrt{x}} \mathrm{d}x$.

【解】 令 $t = \sqrt{x}$，则 $x = t^2$，即有 $\mathrm{d}x = \mathrm{d}t^2 = 2t\mathrm{d}t$.

$$\int \frac{1}{1-\sqrt{x}} \mathrm{d}x = \int \frac{1}{1-t} \cdot 2t\mathrm{d}t = 2\int \frac{t}{1-t} \mathrm{d}t = -2\int \frac{(t-1)+1}{t-1} \mathrm{d}t$$

$$= -2\int \left(1 + \frac{1}{t-1}\right) \mathrm{d}t = -2[t + \ln|t-1|] + C$$

$$\xrightarrow{\text{回代}} -2\left[\sqrt{x} + \ln\left|\sqrt{x} - 1\right|\right] + C.$$

【例11】 求 $\int \sqrt{1-x^2} \mathrm{d}x$.

【解】 令 $x = \sin t$，则 $\mathrm{d}x = \mathrm{d}\sin t = \cos t \mathrm{d}t$，$\left(-\dfrac{\pi}{2} < t < \dfrac{\pi}{2}\right)$.

$$\int \sqrt{1-x^2} \mathrm{d}x = \int \sqrt{1-\sin^2 t} \cdot \cos t \mathrm{d}t = \int \cos^2 t \mathrm{d}t = \int \frac{1+\cos 2t}{2} \mathrm{d}t$$

$$= \frac{1}{2}\int \mathrm{d}t + \frac{1}{2}\int \cos 2t \mathrm{d}t = \frac{1}{2}t + \frac{1}{4}\int \cos 2t \cdot \mathrm{d}2t$$

$$= \frac{1}{2}t + \frac{1}{4}\sin 2t + C = \frac{1}{2}t + \frac{1}{4} \cdot 2\sin t \cos t + C$$

$$\xrightarrow{\text{回代}} \frac{1}{2}\arcsin x + \frac{1}{2}x\sqrt{1-x^2} + C.$$

三、分部积分法

设函数 $u = u(x)$，$v = v(x)$ 具有连续导数，这两个函数乘积的导数公式为
$$[u(x)v(x)]' = u'(x)v(x) + u(x)v'(x),$$
即
$$u(x)v'(x) = [u(x)v(x)]' - u'(x)v(x),$$
对上式两边求不定积分有
$$\int u(x)v'(x) \mathrm{d}x = \int [u(x)v(x)]' \mathrm{d}x - \int u'(x)v(x) \mathrm{d}x,$$
即
$$\int u(x)v'(x) \mathrm{d}x = u(x)v(x) - \int u'(x)v(x) \mathrm{d}x.$$

上式简记为

$$\int uv' dx = uv - \int u'v dx$$

或

$$\int u dv = uv - \int v du$$

上式称为分部积分法.

【例 12】 求 $\int x\cos x dx$.

【解】 令 $u = x$, $v' = \cos x$

则 $u' = 1$, $v = \sin x$

$$\int x\cos x dx = x\sin x - \int \sin x dx = x\sin x + \cos x + C.$$

注：本题若选 $u = \cos x$, $v' = x$, 则 $u' = -\sin x$, $v = \frac{1}{2}x^2$, 故

$$\int x\cos x dx = \frac{1}{2}x^2\cos x + \frac{1}{2}\int x^2\sin x dx$$

由上式观察知，新得的积分比原积分更复杂，说明选 $u = \cos x$ 不合适. 因此，利用分部积分法的关键在于选择合适的 u. 一般情况下，u 可按照如下口诀选取，即"反对幂三指，谁在前选谁".

【例 13】 求 $\int xe^x dx$.

【解】 令 $u = x$, $v' = e^x$

则 $u' = 1$, $v = e^x$

$$\int xe^x dx = xe^x - \int e^x dx = xe^x - e^x + C.$$

【例 14】 求 $\int x\ln x dx$.

【解】 令 $u = \ln x$, $v' = x$,

则 $u' = \frac{1}{x}$, $v = \frac{1}{2}x^2$,

$$\int x\ln x dx = \frac{1}{2}x^2\ln x - \frac{1}{2}\int x dx = \frac{1}{2}x^2\ln x - \frac{1}{4}x^2 + C.$$

【例 15】 求 $\int \arctan x dx$.

【解】 令 $u = \arctan x$, $v' = 1$,

则 $u' = \frac{1}{1+x^2}$, $v = x$,

$$\int \arctan x dx = x\arctan x - \int \frac{x}{1+x^2} dx = x\arctan x - \frac{1}{2}\int \frac{1}{1+x^2} d(1+x^2)$$

$$= x\arctan x - \frac{1}{2}\ln(1+x^2) + C.$$

【例 16】 求 $\int e^x \cos x \, dx$.

【解】 令 $u = e^x$, $v' = \cos x$,

则 $u' = e^x$, $v = \sin x$,

$$\int e^x \cos x \, dx = e^x \sin x - \int e^x \sin x \, dx$$

$$\xrightarrow{\text{令}\, u = e^x,\, v' = \sin x} e^x \sin x - \left(-e^x \cos x + \int e^x \cos x \, dx \right)$$

$$= e^x \sin x + e^x \cos x - \int e^x \cos x \, dx.$$

将等式右端的 $\int e^x \cos x \, dx$ 移至左端，则可得

$$\int e^x \cos x \, dx = \frac{1}{2} e^x (\sin x + \cos x) + C.$$

3.3 定积分的概念

一、引例

1. 曲边梯形的面积

若图形的三条边都是直边，且其中有两条边垂直于第三条边(例如 x 轴和垂直于 x 轴的两条直线)，第四条边是曲线 $y = f(x)$ ($f(x) \geq 0$)，这样的图形称为曲边梯形，如图 3-1 所示.

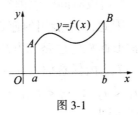

图 3-1

求曲边梯形面积的思想和步骤如下：

(1) 分割：在区间 $[a, b]$ 内任意插入 $n-1$ 个分点

$$a = x_0 < x_1 < x_2 < \cdots < x_{n-1} < x_n = b$$

将区间 $[a, b]$ 分割成 n 个小闭区间

$$[x_0, x_1], [x_1, x_2], \cdots, [x_{n-1}, x_n]$$

每一个小区间的长度为 $\Delta x_i = x_i - x_{i-1}(i = 1, 2, \cdots, n)$.

(2) 近似代替：在每个小区间 $[x_{i-1}, x_i]$ 上任取一点 ξ_i，则小曲边梯形的面积 ΔA_i 可用同底，高为 $f(\xi_i)$ 的小矩形的面积近似代替，如图 3-2 所示，即

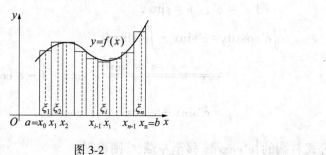

图 3-2

$$\Delta A_i \approx f(\xi_i) \cdot \Delta x_i (i = 1, 2, \cdots, n).$$

(3) 求和：把 n 个小曲边梯形的面积相加，即得到曲边梯形面积 A 的近似值，即

$$A = \sum_{i=1}^{n} \Delta A_i \approx \sum_{i=1}^{n} f(\xi_i) \Delta x_i.$$

(4) 取极限：记小区间的最大长度为 $\lambda = \max\limits_{1 \leq i \leq n} \{\Delta x_i\}$，令 $\lambda \to 0$，则和式 $\sum\limits_{i=1}^{n} f(\xi_i) \Delta x_i$ 的极限即为曲边梯形的面积 A 的精确值，即

$$A = \lim_{\lambda \to 0} \sum_{i=1}^{n} f(\xi_i) \Delta x_i.$$

2. 变速直线运动的路程

设一质点作变速直线运动，已知速度 $v = v(t)(v(t) \geq 0)$ 在时间间隔 $[T_1, T_2]$ 上是时间 t 的连续函数，求质点在这段时间间隔内经过的路程 S.

由于质点作变速直线运动，因此，不能用匀速直线运动的路程公式 $s = vt$ 去求路程，但可按照引例 1 中曲边梯形面积的思路和方法解决．具体计算步骤如下：

(1) 分割：在时间间隔 $[T_1, T_2]$ 内任意插入 $n - 1$ 个分点

$$T_1 = t_0 < t_1 < t_2 < \cdots < t_{n-1} < t_n = T_2.$$

将区间 $[T_1, T_2]$ 分割成 n 个小闭区间

$$[t_0, t_1], [t_1, t_2], \cdots, [t_{n-1}, t_n].$$

每一个小区间的长度为 $\Delta t_i = t_i - t_{i-1}(i = 1, 2, \cdots, n)$.

(2) 近似代替：在每个时间间隔 $[t_{i-1}, t_i]$ 上将质点近似看作匀速直线运动，并在 $[t_{i-1}, t_i]$ 上任取一时刻 ξ_i，则质点在 $[t_{i-1}, t_i]$ 上经过的路程 Δs_i 可用速度为 $v(\xi_i)$ 的匀速直线运动的路程近似代替，即

$$\Delta s_i \approx v(\xi_i) \cdot \Delta t_i (i = 1, 2, \cdots, n).$$

(3) 求和：把 n 段路程相加，即得到质点在 $[T_1, T_2]$ 上经过的路程 s 的近似值，即

$$S = \sum_{i=1}^{n} \Delta s_i \approx \sum_{i=1}^{n} f(\xi_i) \Delta t_i.$$

(4) 取极限：当分点个数无限增多，且小区间的最大长度 $\lambda = \max_{1 \le i \le n} \{\Delta t_i\} \to 0$ 时，则和式 $\sum_{i=1}^{n} v(\xi_i) \Delta t_i$ 的极限即为质点在 $[T_1, T_2]$ 上经过的路程 S 的精确值，即

$$S = \lim_{\lambda \to 0} \sum_{i=1}^{n} v(\xi_i) \Delta t_i.$$

上述两个实例讨论的问题虽然不同，但它们解决问题的方法都用到分割、近似、求和、取极限的思想，将这类思想归纳出来便得出了定积分的概念.

二、定积分的定义

【定义3】 设函数 $f(x)$ 在 $[a, b]$ 上连续，当和式极限 $\lim_{\lambda \to 0} \sum_{i=1}^{n} f(\xi_i) \Delta x_i$ 存在时，则极限值为 $f(x)$ 在 $[a, b]$ 上的定积分，记作 $\int_a^b f(x) \mathrm{d}x$，即

$$\int_a^b f(x) \mathrm{d}x = \lim_{\lambda \to 0} \sum_{i=1}^{n} f(\xi_i) \Delta x_i.$$

其中，"$\int$" 称为积分符号，a 和 b 分别为积分下限和积分上限，$[a, b]$ 为积分区间，$f(x)$ 为被积函数，$f(x)\mathrm{d}x$ 为被积表达式，x 为积分变量.

例如引例 1 中的曲边梯形的面积用定积分可表示为 $A = \int_a^b f(x) \mathrm{d}x$；引例 2 中变速直线运动的路程用定积分可表示为 $S = \int_{T_1}^{T_2} v(t) \mathrm{d}t$.

注：关于定积分的两点说明：

(1) 定积分只与被积函数 $f(x)$ 和积分区间 $[a, b]$ 有关，而与积分变量的记号无关，即

$$\int_a^b f(x) \mathrm{d}x = \int_a^b f(t) \mathrm{d}t.$$

(2) 补充规定

当 $a = b$ 时，$\int_a^b f(x) \mathrm{d}x = 0$；

当 $a > b$ 时，$\int_a^b f(x) \mathrm{d}x = -\int_b^a f(x) \mathrm{d}x.$

三、定积分的几何意义

1. 若在$[a, b]$上$f(x) \geq 0$,定积分$\int_a^b f(x)\,dx$表示由曲线$y = f(x)$与直线$x = a$、$x = b$及x轴所围曲边梯形的面积A,即$\int_a^b f(x)\,dx = A$.

2. 若在$[a, b]$上$f(x) < 0$,则定积分$\int_a^b f(x)\,dx < 0$,故
$$\int_a^b f(x)\,dx = -A.$$

3. 若在$[a, b]$上$f(x)$有正有负,则$\int_a^b f(x)\,dx$表示曲线$y = f(x)$与直线$x = a$、$x = b$及x轴所围成的图形面积的代数和,即在x轴上方的图形面积减去在x轴下方的图形面积(如图3-3),则$\int_a^b f(x)\,dx = A_1 - A_2 + A_3$.

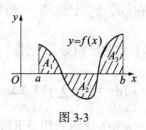

图 3-3

四、定积分的性质

1. $\int_a^b [f(x) \pm g(x)]\,dx = \int_a^b f(x)\,dx \pm \int_a^b g(x)\,dx$.

2. $\int_a^b kf(x)\,dx = k \int_a^b f(x)\,dx \quad (k \in R)$.

3. 对于任意常数c,则有$\int_a^b f(x)\,dx = \int_a^c f(x)\,dx + \int_c^b f(x)\,dx$.

4. 若$f(x) \equiv 1$,当$x \in [a, b]$时,则有$\int_a^b f(x)\,dx = b - a$.

5. 若在$[a, b]$上,$f(x) \geq g(x)$,则有$\int_a^b f(x)\,dx \geq \int_a^b g(x)\,dx$.

6. 设M和m分别是$f(x)$在$[a, b]$上的最大值和最小值,则
$$m(b - a) \leq \int_a^b f(x)\,dx \leq M(b - a).$$

五、微积分基本定理

用定积分的定义去计算定积分是非常复杂的，为此我们将介绍定积分的计算原理——微积分基本定理.

【定理 1】 设函数 $f(x)$ 在 $[a,b]$ 上连续，$F(x)$ 是 $f(x)$ 在 $[a,b]$ 上的一个原函数，则有

$$\int_a^b f(x)\mathrm{d}x = F(x)\Big|_a^b = F(b) - F(a).$$

上式称为微积分基本公式或牛顿-莱布尼茨公式. 这个公式不仅给出了计算定积分的一种简便而有效的方法，同时还沟通了定积分与不定积分之间的内在联系. 即定积分可先化为不定积分来计算.

【例 17】 (1) $\int_1^2 x^2 \mathrm{d}x$； (2) $\int_0^{\frac{\pi}{2}} \cos x \mathrm{d}x$.

【解】 (1) $\int_1^2 x^2 \mathrm{d}x = \frac{1}{3}x^3\Big|_1^2 = \frac{1}{3}\cdot 2^3 - \frac{1}{3}\cdot 1^3 = \frac{7}{3}$.

(2) $\int_0^{\frac{\pi}{2}} \cos x \mathrm{d}x = \sin x\Big|_0^{\frac{\pi}{2}} = \sin\frac{\pi}{2} - \sin 0 = 1$.

【例 18】 求定积分 $\int_{-3}^2 |x|\mathrm{d}x$.

【解】 $\int_{-3}^2 |x|\mathrm{d}x = \int_{-3}^0 (-x)\mathrm{d}x + \int_0^2 x\mathrm{d}x = -\frac{x^2}{2}\Big|_{-3}^0 + \frac{x^2}{2}\Big|_0^2 = \frac{13}{2}$.

【案例 3】 客机跑道的长度.

一架客机起飞需要 20s，且在这段时间内它的速度为 $v = 8t(\mathrm{m/s})$，问跑道至少需要多长？

【解】 设 $s(t)$ 为飞机起飞时的位移，则有
$$v = s'(t) = 8t$$
故 $S = \int_0^{20} s'(t)\mathrm{d}t = \int_0^{20} 8t\mathrm{d}t = 4t^2\Big|_0^{20} = 1600(\mathrm{m})$.

3.4 定积分的换元法和分部积分法

一、定积分的换元法

【定理 2】 设函数 $f(x)$ 在区间 $[a,b]$ 上连续，如果
(1) 函数 $x = \varphi(t)$ 在区间 $[\alpha,\beta]$ 上单调且有连续导数；
(2) 当 t 在区间 $[\alpha,\beta]$ 上变化时，对应的 $x = \varphi(t)$ 在区间 $[a,b]$ 上变化，且

$\varphi(\alpha) = a$，$\varphi(\beta) = b$，则有定积分的换元公式

$$\int_a^b f(x) \mathrm{d}x = \int_\alpha^\beta f[\varphi(t)] \cdot \varphi'(t) \mathrm{d}t$$

注：换元必换限，即新上限对应原上限，新下限对应原下限.

【例 19】 计算下列定积分：

(1) $\int_0^1 (2x+1)^2 \mathrm{d}x$； (2) $\int_0^2 x\mathrm{e}^{x^2} \mathrm{d}x$.

【解】 (1) $\int_0^1 (2x+1)^2 \mathrm{d}x = \frac{1}{2}\int_0^1 (2x+1)^2 \mathrm{d}(2x+1) = \frac{1}{6}(2x+1)^3 \Big|_0^1 = \frac{13}{3}$.

(2) $\int_0^2 x\mathrm{e}^{x^2} \mathrm{d}x = \frac{1}{2}\int_0^2 \mathrm{e}^{x^2} \mathrm{d}(x^2) = \frac{1}{2}\mathrm{e}^{x^2} \Big|_0^2 = \frac{1}{2}(\mathrm{e}^4 - 1)$.

【例 20】 计算 $\int_{-4}^0 \frac{x}{\sqrt{1-2x}} \mathrm{d}x$.

【解】 令 $t = \sqrt{1-2x}$，则 $x = \frac{1-t^2}{2}$，$\mathrm{d}x = -t\mathrm{d}t$.

当 $x = -4$ 时，$t = 3$；当 $x = 0$ 时，$t = 1$.

$$\int_{-4}^0 \frac{x}{\sqrt{1-2x}} \mathrm{d}x = \int_3^1 \frac{\frac{1-t^2}{2}}{t} \cdot (-t) \mathrm{d}t = \frac{1}{2}\int_3^1 (t^2 - 1) \mathrm{d}t = \frac{1}{2}\left(\frac{1}{3}t^3 - t\right) \Big|_3^1 = -\frac{10}{3}.$$

【案例 4】 石油消耗问题.

世界石油的消耗总量的增长速度持续上升，根据历史数据估算，从 1990 年到 1995 年初这段时间石油的消耗总量的增长速度可表示为 $r(t) = 320\mathrm{e}^{0.05t}$（亿桶／年），试求从 1990 年到 1995 年初这段时间内石油的消耗总量是多少？

【解】 设从 1990 年到第 t 年初这段时间内的石油总量为 $f(t)$，则

$$f'(t) = r(t) = 320\mathrm{e}^{0.05t}, \quad t \in [0, 5].$$

因此，从 1990 年到 1995 年初这段时间内石油的消耗总量为

$$f(t) = \int_0^5 f'(t) \mathrm{d}t = \int_0^5 320\mathrm{e}^{0.05t} \mathrm{d}t$$

$$= 320 \times \frac{1}{0.05} \int_0^5 \mathrm{e}^{0.05t} \mathrm{d}(0.05t)$$

$$= 320 \times \frac{1}{0.05} \cdot \mathrm{e}^{0.05t} \Big|_0^5$$

$$= 6400(\mathrm{e}^{0.25} - 1) \approx 1817.76(\text{亿桶}).$$

二、定积分的分部积分法

设函数 $u = u(x)$，$v = v(x)$ 在 $[a, b]$ 上有连续导数，则由不定积分的分部积分法有

$$\int_a^b u(x)v'(x)\mathrm{d}x = u(x)v(x)\Big|_a^b - \int_a^b u'(x)v(x)\mathrm{d}x,$$

上式称为定积分的分部积分公式.

【例21】 求 $\int_0^{\frac{\pi}{2}} x\cos x\mathrm{d}x$

【解】 $\int_0^{\frac{\pi}{2}} x\cos x\mathrm{d}x \xrightarrow{u=x} x \cdot \sin x\Big|_0^{\frac{\pi}{2}} - \int_0^{\frac{\pi}{2}} \sin x\mathrm{d}x = \frac{\pi}{2} + \cos x\Big|_0^{\frac{\pi}{2}} = \frac{\pi}{2} - 1.$

【例22】 求 $\int_1^e \ln x\mathrm{d}x$

【解】 $\int_1^e \ln x\mathrm{d}x \xrightarrow{u=\ln x} x \cdot \ln x\Big|_1^e - \int_1^e \frac{1}{x} \cdot x\mathrm{d}x = e - x\Big|_1^e = 1.$

3.5 定积分的应用(1)—— 几何应用

一、微元法

我们要利用定积分的思想解决实际生活中的问题,重点在于通过定积分的思想(即分割、近似代替、求和、取极限)将问题转化为定积分,即

$$\lim_{\lambda \to 0} \sum_{i=1}^n f(\xi_i) \Delta x_i = \int_a^b f(x)\mathrm{d}x.$$

仔细分析上式可发现,关键在于找到近似代替的公式 $\Delta A_i \approx f(\xi_i) \cdot \Delta x_i$,即 $\mathrm{d}A = f(x)\mathrm{d}x$. 由此可得具体步骤如下:

(1) 在区间 $[a,b]$ 上任取点 x,在区间 $[x, x+\mathrm{d}x]$ 作微元
$$\mathrm{d}A = f(x)\mathrm{d}x;$$

(2) 对 $[a,b]$ 上每一点 x 的微元无限累加,即
$$A = \int_a^b \mathrm{d}A = \int_a^b f(x)\mathrm{d}x.$$

这种方法即为微元法.

二、定积分的几何应用

1. 平面图形的面积

利用微元法可求平面图形的面积,基本步骤如下:

(1) 作出草图,确定面积区间(即积分区间);
(2) 写出被积表达式 $\mathrm{d}A = f(x)\mathrm{d}x$,即面积微元;
(3) 计算定积分.

【例23】 求由 $y = x^2$ 和 $y = x$ 所围图形的面积.

【解】 (1) 如图 3-4,并由 $\begin{cases} y = x^2 \\ y = x \end{cases}$ 得交点坐标为 $(0, 0)$ 和 $(1, 1)$,故可得 x 的范围为 $[0, 1]$;

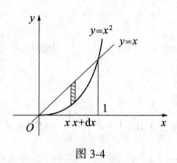

图 3-4

(2) 作小矩形,并写出面积微元,即 $dA = (x - x^2)dx$;
(3) 写出定积分,并计算.

$$A = \int_0^1 dA = \int_0^1 (x - x^2)dx = \left(\frac{1}{2}x^2 - \frac{1}{3}x^3\right)\bigg|_0^1 = \frac{1}{6}.$$

【例 24】 求由曲线 $y = \ln x$、$x = e$ 和 x 轴所围的平面图形的面积.

【解法一】 如图 3-5(a),以 x 为积分变量,则积分区间为 x 的范围,且面积微元为竖直切块,则

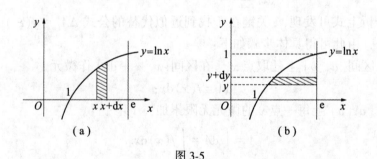

图 3-5

$$A = \int_1^e \ln x \, dx = x \cdot \ln x \bigg|_1^e - \int_1^e dx = e - (e - 1) = 1.$$

【解法二】 如图 3-2(b) 所示,以 y 为积分变量,则积分区间为 y 的范围,且面积微元为水平切块,则

$$A = \int_0^1 (e - e^y)dy = (ey - e^y)\bigg|_0^1 = (e - e) - (0 - 1) = 1.$$

2. 旋转体的体积

【定义 4】 一个平面图形绕着一条定直线旋转一周所得到的立体图形叫旋

转体.

例如圆台、地球仪、花瓶等都是旋转体. 本文只讨论两种简单的情形.

(1) 一个平面图形绕 x 轴旋转一周所得的旋转体的体积，如图 3-6 所示.

在区间 $[a, b]$ 上点 x 处垂直于 x 轴的截面体积为

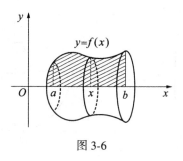

图 3-6

$$dV = \pi \cdot f^2(x) dx;$$

则旋转体的体积为

$$V_x = \pi \int_a^b f^2(x) dx.$$

(2) 当一个平面图形绕 y 轴旋转一周时，如图 3-7，可类似地求得旋转体的体积计算公式为：

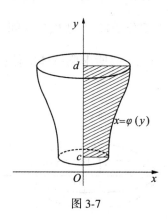

图 3-7

$$V_y = \pi \int_c^d \varphi^2(y) dy.$$

【例 25】 求由曲线 $y = x^3$ 与 $x = 2$ 及 x 轴所围成的平面图形分别绕 x 轴、y 轴旋转所产生的旋转体体积.

【解】 如图 3-8(a)，得绕 x 轴旋转一周的旋转体的体积 V_x 为

$$V_x = \pi \int_0^2 (x^3)^2 dx = \pi \int_0^2 x^6 dx = \pi \cdot \frac{1}{7}x^7 \Big|_0^2 = \frac{128\pi}{7}.$$

如图 3-8(b), 得绕 y 轴旋转一周的旋转体的体积 V_y 为

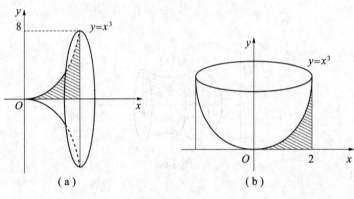

图 3-8

$$V_y = \pi \int_0^8 (2^2 - y^{\frac{2}{3}}) dy = \left(32 - \frac{96}{5}\right)\pi = \frac{64}{5}\pi.$$

【案例5】 椭球体的体积.

求由椭圆 $\dfrac{x^2}{a^2} + \dfrac{y^2}{b^2} = 1$ 绕 x 轴旋转所成椭球的体积.

【解】 如图 3-9, 取 x 为积分变量, 则积分区间为 $[-a, a]$, 积分曲线为上半椭圆方程, 即 $y = \dfrac{b}{a}\sqrt{a^2 - x^2}$, 故所求椭球体的体积 V_x 为

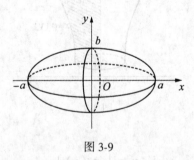

图 3-9

$$V_x = \pi \int_{-a}^{a} \left(\frac{b}{a}\sqrt{a^2 - x^2}\right)^2 dx = \pi \int_{-a}^{a} \frac{b^2}{a^2}(a^2 - x^2) dx$$
$$= \pi \cdot \frac{b^2}{a^2}\left(a^2 x - \frac{1}{3}x^3\right)\Big|_{-a}^{a} = \frac{4}{3}\pi a b^2.$$

【案例6】 漏斗的体积.

如图3-10，求直线 $y = \dfrac{R}{h}x(R > 0, h > 0)$，$x = 0$，$x = h$，$x$轴所围成的三角形绕 x 轴旋转一周所得的圆锥体的体积.

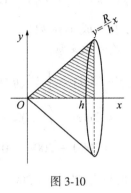

图 3-10

【解】 $V = \pi \int_0^h \left(\dfrac{R}{h}x\right)^2 \mathrm{d}x = \dfrac{1}{3}\pi \dfrac{R^2}{h^2}x^3 \Big|_0^h = \dfrac{1}{3}\pi R^2 h.$

3.6 定积分的应用(2)—— 经济应用

定积分在经济中有着广泛的应用，例如已知边际成本、边际收益和边际利润，可以通过定积分求成本函数、收益函数和利润函数，并进行相应的经济分析.

一、已知边际函数求总经济函数

设某个经济函数 $u(x)$ 的边际函数为 $u'(x)$，则有

$$\int_0^x u'(x)\mathrm{d}x = u(x)\Big|_0^x = u(x) - u(0),$$

故有
$$u(x) = u(0) + \int_0^x u'(x)\mathrm{d}x.$$

1. 已知生产某产品的边际成本为 $C'(q)$，q 为产量，固定成本 $C(0)$，则总成本函数为

$$C(q) = \int_0^q C'(q)\mathrm{d}q + C(0).$$

2. 已知销售某产品的边际收益为 $R'(q)$，q 为销售量，$R(0) = 0$，则总收益函数为

$$R(q) = \int_0^q R'(q)\,dq.$$

3. 由于边际利润 $L'(q) = R'(q) - C'(q)$，$L(0) = -C(0)$，则总利润函数为
$$L(q) = \int_0^q L'(q)\,dq + L(0) = \int_0^q [R'(q) - C'(q)]\,dq - C(0).$$

【例26】 生产某种产品的边际成本函数为 $C'(q) = 200 - 0.4q$，固定成本 $C(0) = 2000$，求生产 q 个产品的总成本函数。

【解】
$$C(q) = C(0) + \int_0^q C'(q)\,dq$$
$$= 2000 + \int_0^q (200 - 0.4q)\,dq$$
$$= 2000 + 200q - 0.2q^2.$$

【例27】 设某商品的边际收益为 $R'(q) = 300 - \dfrac{q}{100}$，求

(1) 销售 10 个商品的总收益和平均收益；
(2) 如果已经销售了 20 个商品，求再销售 20 个商品的总收益和平均收益。

【解】 (1) 总收益函数
$$R(q) = \int_0^q R'(q)\,dq = \int_0^q \left(300 - \frac{q}{100}\right)dq = 300q - \frac{1}{200}q^2,$$
$$R(10) = 3000 - \frac{1}{200} \times 100 = 2999.5,$$
$$\bar{R}(10) = \frac{2999.5}{10} = 299.95.$$

(2) $\int_{20}^{40} R'(q)\,dq = \int_{20}^{40}\left(300 - \dfrac{q}{100}\right)dq = \left[300q - \dfrac{1}{200}q^2\right]_{20}^{40} = 5994$，$\bar{R} = \dfrac{5994}{20} = 299.7$，即再销售 20 个商品的总收益为 5994，平均收益为 299.7。

二、求经济函数的总量

【例28】 某工厂生产某种产品，在时刻 t 的总产量变化率为 $Q'(t) = 100 + 2t$。求由 $t = 2$ 到 $t = 4$ 这两小时的总产量。

【解】 总产量 $Q = \int_2^4 Q'(t)\,dt = \int_2^4 (100 + 2t)\,dt = (100t + t^2)\Big|_2^4 = 212.$

三、求经济函数的最值

【例29】 某产品产量为 q 件时的总成本变化率为 $C'(q) = 4 + 0.02q$，固定成本为 2400 元，又知每件产品的零售价为 40 元，求

(1) 产量多少时利润最大？最大利润值是多少？

(2) 在最大利润的基础上再生产200件时总利润将发生怎样的变化？

【解】 （1）总成本函数 $C(q) = 2400 + \int_0^q (4 + 0.02q) \mathrm{d}q$

$$= 2400 + (4q + 0.01q^2) \Big|_0^q$$

$$= 0.01q^2 + 4q + 2400.$$

总收益函数 $R(q) = 40q.$

总利润函数 $L(q) = R(q) - C(q) = -0.01q^2 + 36q - 2400.$

由于 $L'(q) = -0.02q + 36 = 0$ 得 $q = 1800$，且 $L''(q) = -0.02 < 0$，故 $q = 1800$ 为唯一的极值点，且是极大值点，所以当 $q = 1800$ 时利润最大.

$$L_{\max} = L(1800) = -0.01 \times 1800^2 + 36 \times 1800 - 2400 = 30000.$$

(2) $\Delta L = \int_{1800}^{2000} L'(q) \mathrm{d}q = \int_{1800}^{2000} (-0.02q + 36) \mathrm{d}q = (-0.01q^2 + 36q) \Big|_{1800}^{2000} = -400.$

说明在最大利润的基础上再生产200件会亏本，且亏本400元.

【案例7】 某出口公司每月销售额是1000000美元，平均利润是销售额的10%，根据以往公司的经验，广告宣传期间月销售额的变化率近似地服从增长曲线 $1 \times 10^5 \times \mathrm{e}^{0.02t}$（$t$ 以月为单位），公司现在需要决定是否举行一次类似的总成本为 1.3×10^5 美元的广告活动. 按惯例，对于超过 1×10^5 的广告活动，如果新销售额产生的利润超过广告投资的10%，则决定做广告，试问按公司惯例是否应做此广告？

【解】 12个月后，总销售额为

$$R = \int_0^{12} 1000000 \mathrm{e}^{0.02t} \mathrm{d}t = \frac{1000000 \mathrm{e}^{0.02t}}{0.02} \Big|_0^{12} \approx 13560000 (\text{美元}).$$

公司的利润为

$$L = 0.1 \times (13560000 - 12 \times 1000000) = 156000 (\text{美元}).$$

而156000美元的利润是由于花费130000美元的广告费而取得的，因此，广告所产生的实际利润是

$$156000 - 130000 = 26000 (\text{美元}) > 1.3 \times 10^5 \times \frac{1}{10} = 13000 (\text{美元})$$

这表明该公司应该做此广告.

四、收益流的现值和将来值

收益若是连续的获得，则收益可被看作是一种随时间连续变化的收益流. 比如一台冰箱采用某种技术后，每月电费比原来节省 a 元，这 a 元是持续了一个月的资金收入流，不是月底一次性收到的，而是随时间变化推移均匀积累满一个月而收到的.

将来值是指现在一定量的资本在未来某一时点上的价值. 现值是指将来某一

时点的一定资金折合成现在的价值，俗称"本金"。例如，假设银行利率为5%，你现在存入银行10000元，一年以后可得本息10500元。则10500元为10000元的将来值，而10000为10500的现值。

若一笔收益流的收益流量为$R(t)$（元/年），则其T年后的现值为(r为连续复利率)：

$$R_0 = \int_0^T R(t)e^{-rt}dt,$$

而T年后的将来值为

$$R_T = \int_0^T R(t)e^{r(T-t)}dt.$$

【例30】 假设以年连续复利率$r = 0.1$计息，

（1）求收益流为100元/年的收益流在20年期间的现值和将来值。

（2）将来值和现值的关系如何？解释这一关系。

【解】 （1）$R_0 = \int_0^{20} 100e^{-0.1t}dt = 1000(1-e^{-2}) \approx 864.66$（元）；

$R_T = \int_0^{20} 100e^{0.1(20-t)}dt = \int_0^{20} 100e^2 \cdot e^{-0.1t}dt = 1000e^2(1-e^{-2}) \approx 6389.06$（元）。

（2）显然，将来值 = 现值 $\cdot e^2$。

若在$t = 0$时刻以现值$1000(1-e^{-2})$作为一笔款项存入银行，以年连续利率$r = 0.1$计算，则20年中这笔单独款项的将来值为

$$1000(1-e^{-2})e^{0.1 \times 20} = 1000(1-e^{-2})e^2.$$

而这正好是上述收益流在20年期间的将来值。

习题 3.1

1. 用微分法验证下列各等式是否成立：

(1) $\int 3x^2 dx = x^3 + C$ (2) $\int e^{3x}dx = e^{3x} + C$.

2. 求不定积分：

(1) $\int 3dx$ (2) $\int (e^x + 5)dx$

(3) $\int (x^2 + \cos x)dx$ (4) $\int \frac{x^2-5}{x}dx$

(5) $\int (2e^x + \sec^2 x)dx$ (6) $\int \frac{3^x + 2^x}{3^x}dx$

(7) $\int \dfrac{x^2-9}{x+3}dx$ (8) $\int \dfrac{x^2}{1+x^2}dx$

(9) $\int x^2 \cdot \sqrt{x}\,dx$ (10) $\int 2^x \cdot 5^x dx$

3. 已知边际收益为 $R'(q) = 96 - 3q$，设 $R(0) = 0$，求收益函数.

习题 3.2

1. 在下列各式等号的右端加上适当的系数，使等式成立.

(1) $dx = ($ $)d(7x)$ (2) $dx = ($ $)d(2-5x)$

(3) $xdx = ($ $)d(x^2)$ (4) $xdx = ($ $)d(3x^2+5)$

(5) $e^{3x}dx = ($ $)d(e^{3x})$ (6) $e^{-x}dx = ($ $)d(e^{-x})$

(7) $\sin 5x\,dx = ($ $)d(\cos 5x)$ (8) $\dfrac{1}{x}dx = ($ $)d(4\ln|x|)$

2. 利用换元法求下列不定积分：

(1) $\int e^{4x}dx$ (2) $\int (2x+1)^6 dx$

(3) $\int \dfrac{1}{1-3x}dx$ (4) $\int \sin(5x+3)dx$

(5) $\int \dfrac{x}{1+x^2}dx$ (6) $\int \dfrac{1}{4+x^2}dx$

(7) $\int xe^{1-2x^2}dx$ (8) $\int 3^{1-2x}dx$

(9) $\int \tan^3 x \cdot \sec^2 x\,dx$ (10) $\int \sin x \cdot \cos x\,dx$

(11) $\int \dfrac{1}{x}\ln x\,dx$ (12) $\int \dfrac{\sqrt{x-1}}{x}dx$

3. 利用分部积分法求下列不定积分：

(1) $\int x\sin x\,dx$ (2) $\int xe^{-x}dx$

(3) $\int x^2 \cdot \ln x\,dx$ (4) $\int x\arctan x\,dx$

习题 3.3

1. 利用定积分几何意义，说明下列等式：

(1) $\int_0^2 3x\,dx = 6$ (2) $\int_0^4 \sqrt{16-x^2} = 4\pi$

2. 用定积分表示由曲线所围成的曲边梯形的面积.

(1) 由 $y = x^2$，$x = 1$，$x = 2$ 及 $y = 0$ 所围成；

(2) 由 $y = \ln x$, $x = \dfrac{1}{e}$, $x = 3$ 及 x 轴所围成.

3. 计算下列定积分：

(1) $\displaystyle\int_0^1 x^3 dx$

(2) $\displaystyle\int_0^1 e^x dx$

(3) $\displaystyle\int_1^2 \left(x + \dfrac{1}{x}\right)^2 dx$

(4) $\displaystyle\int_0^2 |1-x| dx$

(5) $\displaystyle\int_0^{\frac{\pi}{4}} 3\cos x dx$

(6) $\displaystyle\int_0^1 \dfrac{2}{1+x^2} dx$

(7) $\displaystyle\int_1^4 \dfrac{x^2+x-1}{x} dx$

(8) $\displaystyle\int_0^1 \sqrt{x\sqrt{x}} dx$

4. 已知物体以速度 $V(t) = 8t + 6 (\text{m/s})$ 做直线运动，试求物体在 $T_1 = 1(\text{s})$ 到 $T_2 = 4(\text{s})$ 期间所经过的路程 S.

习题 3.4

1. 计算下列定积分：

(1) $\displaystyle\int_0^1 (x+2) dx$

(2) $\displaystyle\int_{-1}^1 \dfrac{1}{(2x+1)^2} dx$

(3) $\displaystyle\int_0^1 x e^{x^2} dx$

(4) $\displaystyle\int_0^{\frac{\pi}{2}} \cos 4x dx$

(5) $\displaystyle\int_0^{\frac{\pi}{2}} \sin x \cdot \cos^3 x dx$

(6) $\displaystyle\int_1^e \dfrac{1}{x}(\ln x)^3 dx$

(7) $\displaystyle\int_0^1 \dfrac{x}{1+x^2} dx$

(8) $\displaystyle\int_0^4 \dfrac{1}{1+\sqrt{x}} dx$

(9) $\displaystyle\int_1^e x \cdot \ln x dx$

(10) $\displaystyle\int_0^1 \arctan x dx$

(11) $\displaystyle\int_0^1 x \cdot e^x dx$

(12) $\displaystyle\int_0^{\frac{\pi}{2}} x \cdot \sin x dx$

习题 3.5

1. 计算由曲线 $y = e^x$、x 轴和直线 $x = 0$, $x = 1$ 所围成的平面图形的面积.
2. 计算由曲线 $y = x^3$ 和直线 $x = -1$, $x = 2$ 及 x 轴所围成的平面图形的面积.
3. 计算由曲线 $y = x^2$ 和直线 $y = 2x + 3$ 所围成的平面图形的面积.
4. 计算由曲线 $y = \sqrt{x}$ 和直线 $y = x$ 所围成的平面图形的面积.
5. 求高为 h，底半径为 r 的正圆锥体的体积.

习题 3.6

1. 已知边际成本为 $C'(q) = 200 - 3q$, 求当产量由 $q = 20$ 增加到 $q = 30$ 时, 应追

加的成本数.

2. 已知生产某产品的边际成本为 $C'(q) = 8 + \frac{1}{2}q$，边际收益 $R'(q) = 16 - 2q$，若固定成本为零，求：

(1) 总成本函数和总收益函数；

(2) 取得最大利润时的产量及最大利润.

3. 已知某商场销售电视机的边际利润 $L'(q) = 250 - \frac{q}{40}$，固定成本为 1000，试求：

(1) 售出 40 台电视机的总利润；

(2) 售出 60 台时，前 30 台与后 30 台的平均利润各为多少.

4. 设某产品的总产量函数是 $Q = Q(t)$，t 是时间，已知 $Q'(t) = 6t^3 + 15$，求：从 $t = 1$ 到 $t = 5$ 这段时间内的总产量的改变量.

5. 设有一项计划现在 ($t = 0$) 需要投入 1000 万元，若年利率为 5%，

(1) 在 10 年中每年末收益为 200 万元，按连续复利计算该投资计划的净现值.

(2) 在 10 年中有稳定的收益流 $A(t) = 100$ 万元，按连续复利计算该投资计划的净现值.

习题 B

习题 3.1

1. 求不定积分.

(1) $\int (x^3 + 3x^2 - 1) \mathrm{d}x$ (2) $\int \frac{1}{x \cdot \sqrt[3]{x}} \mathrm{d}x$

(3) $\int \left(\sqrt[3]{x} - \frac{1}{\sqrt{x}} \right) \mathrm{d}x$ (4) $\int (\mathrm{e}^x - 3\sin x) \mathrm{d}x$

(5) $\int \frac{x - 9}{5x + 3} \mathrm{d}x$ (6) $\int \frac{(x^2 - 3)(x + 1)}{x^2} \mathrm{d}x$

(7) $\int (2 - x)(4 + 3x) \mathrm{d}x$ (8) $\int (\sin x - 2\cos x) \mathrm{d}x$

(9) $\int \sec x (\sec x + \tan x) \mathrm{d}x$ (10) $\int \left(3\mathrm{e}^x - \frac{1}{1 + x^2} - \frac{1}{x^2} \right) \mathrm{d}x$

(11) $\int 3^x \mathrm{e}^x \mathrm{d}x$ (12) $\int \sqrt{x \sqrt{x}} \, \mathrm{d}x$

(13) $\int \frac{2 - 3^x - 5 - 2^x}{3^x} \mathrm{d}x$ (14) $\int \tan^2 x \mathrm{d}x$

习题 3.2

1. 利用换元法求下列不定积分.

(1) $\int \dfrac{e^x}{1+e^x}dx$

(2) $\int \dfrac{\cos\sqrt{x}}{\sqrt{x}}dx$

(3) $\int \dfrac{1}{\sqrt{3-4x}}dx$

(4) $\int (3-2x)^{100}dx$

(5) $\int \dfrac{1}{\sqrt[3]{2-3x}}dx$

(6) $\int \cos^2 xt\,dt$

(7) $\int 2^{1-2x}dx$

(8) $\int x\cos(x^2)dx$

(9) $\int \dfrac{x}{1+2x^4}dx$

(10) $\int \dfrac{1}{4+9x^2}dx$

2. 利用分部积分法求下列不定积分.

(1) $\int x^2 e^x dx$

(2) $\int \arcsin x\,dx$

(3) $\int x^2 \cos x\,dx$

(4) $\int x\ln(x^2+1)dx$

(5) $\int \dfrac{\ln x}{\sqrt{x}}dx$

(6) $\int x\cos\dfrac{x}{2}dx$

(7) $\int x(2-x)^4 dx$

(8) $\int (\ln x)^2 dx$

(9) $\int e^{\sqrt{x}}dx$

(10) $\int x^3 \ln x\,dx$

习题 3.3

1. 计算下列定积分.

(1) $\int_{-2}^{-1} \dfrac{1}{x}dx$

(2) $\int_{4}^{9} \sqrt{x}(1+\sqrt{x})dx$

(3) $\int_{2}^{3} \dfrac{1}{x^2-1}dx$

(4) $\int_{-1}^{2} |x-1|\,dx$

习题 3.4

1. 计算下列定积分.

(1) $\int_{0}^{4} \dfrac{1}{1+5x}dx$

(2) $\int_{0}^{\frac{\pi}{2}} \cos^3 x \sin x\,dx$

(3) $\int_{\frac{\pi}{3}}^{\pi} \sin\left(x+\dfrac{\pi}{3}\right)dx$

(4) $\int_{-2}^{1} \dfrac{dx}{(11+5x)^3}$

(5) $\int_0^1 x e^{-\frac{x^2}{2}} dx$ 　　　　　(6) $\int_{\frac{\pi}{6}}^{\frac{\pi}{2}} \cos^2 x \, dx$

(7) $\int_0^1 x e^{-x} dx$ 　　　　　(8) $\int_0^{\frac{\pi}{2}} x^2 \cos x \, dx$

(9) $\int_0^{e-1} \ln(1+x) dx$ 　　　　　(10) $\int_{\frac{\pi}{4}}^{\frac{\pi}{3}} \frac{x}{\sin^2 x} dx$

(11) $\int_{\frac{1}{e}}^{e} |\ln x| \, dx$ 　　　　　(12) $\int_0^{\frac{\pi^2}{4}} \cos\sqrt{x} \, dx$

习题 3.5

1. 计算由下列曲线所围成的平面图形的面积.

(1) $y = e^x$, $y = e^{-x}$, $x = 1$ 　　　　(2) $y = e^x$, $y = e$, y 轴

(3) $y = \frac{1}{x}$, $y = x$, $x = 2$ 　　　　(4) $y = x^2$, $y = 2x$

(5) $y = x^2$, $y = 2 - x^2$ 　　　　(6) $y = 4 - x^2$, x 轴

第二篇　专　业　模　块

第4章 概率统计

4.1 随机事件与概率

一、随机事件的概念

【案例1】（航空意外险：尴尬的"创可贴"？） 有资料显示，1999年"2·24"的温州空难后的一段时间内，购买航空意外险的旅客大幅增加，但是没过多久，投保率就开始回落。2000年"6·22"的武汉空难中机上的38名乘客全部遇难，武汉天河机场在此后的一段时间里的投保率一度高达60%。然而，不到半年，投保率也开始回落。所以，有人把航空意外险比喻成"创可贴"，当"伤疤好了"，也就是当空难的阴影渐渐远去之后，似乎也就没有多少人记得起它的价值了。

从以上案例可以看出，购买保险后飞机是否出事故是不确定的。

大千世界，所遇到的现象不外乎两类：一类是确定性现象，另一类是随机发生的不确定现象。我们把这种在一定条件下可能出现的结果不止一个，且事先无法确定出现哪个结果的现象称为随机现象。

为使我们能方便地表述和讨论随机现象，下面引出随机试验这个概念。

【定义1】 对随机现象进行观察的过程称为随机试验，简称试验，记为 E，它有如下特征：

（1）试验可以在相同条件下重复进行；
（2）试验的所有可能结果是已知的，且各以一定的可能性出现；
（3）每次试验前不能确定出现哪个结果。

【定义2】 随机试验的每个基本结果称为样本点。全体样本点的集合称为样本空间，记为 Ω。

【例1】 下面有三个试验：（1）抛一枚硬币，观察出现正面，反面的情况；（2）掷一枚骰子，观察出现的点数；（3）记录车站售票处一天内售出的车票数。

上面三个都是随机试验，其对应的样本空间分别为：

$\Omega_1 = \{正面，反面\}$；$\Omega_2 = \{1, 2, 3, 4, 5, 6\}$；$\Omega_3 = \{0, 1, 2, \cdots, n\}$。这里 n 是售票处一天内准备出售的车票数。

【例2】 将一枚硬币抛两次，出现正面记为 H，反面记为 T，则样本空间由4个样本点组成：$\Omega = \{(HH), (HT), (TH), (TT)\}$。

在试验中不可能发生的事件称为不可能事件，即不包含任何样本点的空集，通常记为 Φ.

二、事件间的关系与运算

(1) 事件的包含与相等：若事件 A 发生必然导致事件 B 发生，则称事件 B 包含事件 A，记为 $B \supset A$ 或者 $A \subset B$；若 $A \subset B$ 且 $B \subset A$，则 $A = B$，则称事件 A 与事件 B 相等.

(2) 事件的和：事件 A 与事件 B 至少有一个发生的事件称为事件 A 与事件 B 的和事件，记为 $A \cup B$ 或 $A + B$. 事件 $A \cup B$ 发生意味着：或事件 A 发生，或事件 B 发生，或事件 A 与事件 B 都发生.

(3) 事件的积：事件 A 与事件 B 都发生的事件称为事件 A 与事件 B 的积事件，记为 $A \cap B$，也简记为 AB. 事件 $A \cap B$（或 AB）发生意味着事件 A 发生且事件 B 也发生，即 A 与 B 都发生.

(4) 事件的差：事件 A 发生而事件 B 不发生的事件称为事件 A 与事件 B 的差事件，记为 $A - B$.

(5) 互斥事件：若事件 A 与事件 B 不能同时发生，即 $AB = \Phi$，则称事件 A 与事件 B 是互斥的，或互不相容的. 若事件 A_1，A_2，$\cdots$，A_n 中的任意两个都互斥，则称这些事件是两两互斥的.

(6) 对立事件："A 不发生"的事件称为事件 A 的对立事件（或逆事件），记为 $\bar{A}$. A 和 $\bar{A}$ 满足：$A \cup \bar{A} = \Omega$，$A \bar{A} = \Phi$，$\bar{\bar{A}} = A$.

【例3】 某位球迷连续三次购买足球彩票，每次一张，令 A、B、C 分别表示其第一、二、三次所买的彩票中奖. 试用 A、B、C 及其关系和运算表示下列事件：

(1) 第三次未中奖；

(2) 第一次、第二次中奖，第三次不中奖；

(3) 至少有一次中奖；

(4) 恰有一次中奖；

(5) 至少中奖两次；

(6) 三次都不中奖.

【解】 (1) $\bar{C}$；(2) $AB\bar{C}$；(3) $A + B + C$；(4) $A\bar{B}\bar{C} + \bar{A}B\bar{C} + \bar{A}\bar{B}C$；(5) $AB + BC + AC$；(6) $\bar{A}\bar{B}\bar{C}$ 或 $\overline{A + B + C}$.

三、随机事件的概率

日常生活中，我们常常能听到这样的陈述，例如：

1. 我有 80% 的把握能通过考试；

2. 产品合格率为98%；
3. 明天下雨的可能性不大.

以上都是对某件事情将会发生的可能性大小的论断.

【定义3】(概率的描述性定义) 随机事件 A 发生的可能性大小的数量描述称为随机事件 A 发生的概率，记为 $P(A)$.

【例4】 在一个袋子里面有5个小球，现从中任取一个球，可以发现每个小球被取到的可能性均为 $\frac{1}{5}$.

此类试验有两个共同特点：(1) 所以可能的试验结果个数有限；(2) 出现每个结果的可能性大小相同.

具备以上两个特点的试验称为古典概型试验，它的数学模型称为古典概型. 可用如下公式计算：

$$P(A) = \frac{A \text{ 中包含的事件}}{\text{基本事件}} = \frac{n_A}{n}.$$

【例5】 一批产品共有200个，其中有6个废品，求(1) 这批产品的废品率；(2) 任取3个，至少有一个废品的概率.

【解】 (1) 设事件 A 为"任取一个产品，是废品"，A_1 为"任取3个产品，至少有1个是废品"，则 $P(A) = \frac{6}{200} = 0.03$.

(2) $P(A_1) = \frac{C_6^1 C_{194}^2 + C_6^2 C_{194}^1 + C_6^3}{C_{200}^3}$ 或 $1 - \frac{C_{194}^3}{C_{200}^3} = 1 - 0.9122 = 0.0878.$

古典概率具有如下性质：

【性质1】 对任一事件 A，有 $0 \leq P(A) \leq 1$；

【性质2】 $P(\Omega) = 1$，$P(\emptyset) = 0$；

【性质3】 对两个互斥的事件 A，B，有 $P(A + B) = P(A) + P(B)$.

四、概率的加法公式

【案例2】 甲、乙两人同时向目标射击，甲射中目标的概率为0.81，乙射中的概率为0.83，两人同时射中的概率为0.7. 求目标被射中的概率.

【解】 设 A 为"甲射中"，B 为"乙射中"，则

$$P(A) = 0.81, \quad P(B) = 0.83, \quad P(AB) = 0.7.$$

目标被射中，即事件 $A + B$.

$$P(A + B) = P(A) + P(B) - P(AB) = 0.94.$$

即目标被射中的概率为0.94.

一般地，对任意两个事件 A、B，其概率的加法公式为：

$$P(A + B) = P(A) + P(B) - P(AB),$$

$$P(A) = 1 - P(\bar{A}).$$

五、条件概率

在实际问题中，常常会遇到这样的问题：在已知事件 A 发生的条件下，求事件 B 发生的概率. 这时，因为求 B 的概率是在已知 A 发生的条件下，所以称为在事件 A 发生的条件下事件 B 发生的条件概率，记为 $P(B \mid A)$.

【定义4】 设 A，B 是随机试验的两个事件，且 $P(A) \neq 0$，称 $P(B \mid A) = \dfrac{P(AB)}{P(A)}$ 为在事件 A 发生的条件下事件 B 发生的条件概率.

【例6】 已知会计班共有男生 20 人，女生 80 人；来自湖北的有 70 人，其中男生 10 人，女生 60 人. 从中任选一人，求：(1) 此人来自湖北的概率；(2) 此人是来自湖北的男生的概率；(3) 已知此人来自湖北，求此人是男生的概率.

【解】 设事件 A 为"来自湖北"，B 为"男生"，则

$(1) P(A) = \dfrac{70}{100} = 0.7$；$(2) P(AB) = \dfrac{10}{100} = 0.1$；$(3) P(B \mid A) = \dfrac{10}{70} = \dfrac{1}{7}$.

由此可验证 $P(B \mid A) = \dfrac{P(AB)}{P(A)}$.

六、乘法公式

由条件概率公式变形可得 $P(AB) = P(A)P(B \mid A)$，即为概率的乘法公式.

【例7】 盒子里 90 件产品，其中 3 个不合格，每次取一件，取后不放回，问两次都取到合格品的概率是多少？

【解】 设事件 A 表示"第一次取到合格品"，B 表示"第二次取到合格品"，取后不放回，则

$$P(A) = \frac{87}{90}, \quad P(B \mid A) = \frac{86}{89},$$

故两次都取到合格品的概率为

$$P(AB) = P(A)P(B \mid A) = \frac{87}{90} \cdot \frac{86}{89} = 0.95581.$$

七、事件的独立性

【定义5】 如果两个事件 A，B 中任一事件的发生对另一事件是否发生不产生影响，即 $P(B \mid A) = P(B)$ 或 $P(A \mid B) = P(A)$，则称事件 A 与事件 B 是相互独立的.

关于独立性有如下性质：

(1) 事件 A 与事件 B 独立的充要条件是

$$P(AB) = P(A)P(B).$$

(2) 若事件 A 与 B 独立，则 A 与 $\bar{B}$，$\bar{A}$ 与 B，$\bar{A}$ 与 $\bar{B}$ 中的每一对事件都相互独立.

在概率论中，把在同样条件下独立重复进行试验的模型称为独立试验序列概型.

【例8】 某人投篮，每次命中概率均为 0.6，独立投篮 5 次，求"恰 2 次命中"的概率.

【解】 $P(A) = 0.6$. $\therefore P_5(2) = C_5^2 (0.6)^2 (1-0.6)^3 = 0.2304$.

【定义6】 设某随机试验 E，重复进行且满足以下条件：

(1) 每次试验有两个可能结果 A 和 $\bar{A}$；

(2) $P(A) = p(0 < P < 1)$，$P(\bar{A}) = 1-p$；

(3) 各次试验是相互独立的，即每次试验结果出现的概率都不依赖于其他各次试验的结果.

具有上述特征的 n 次随机试验 E 称为 n 重独立重复试验，亦称伯努利试验.

对于伯努利概型，事件 A 恰发生 k 次的概率：$P_n(k) = C_n^k p^k (1-p)^{n-k} (k=0, 1, 2, \cdots, n)$，这个公式也称为二项概率公式.

【例9】 一批产品合格率为 0.75，现抽查 4 件，问恰有 2 件合格的概率.

【解】 $p = 0.75$，$n = 4$，$k = 2$.

$\therefore P_4(2) = C_4^2 (0.75)^2 (1-0.75)^2 \doteq 0.211$.

4.2 随机变量及其分布

一、随机变量及其分布的概念

1. 随机变量

【案例3】 10 球中有 6 个红球，4 个白球，从中任取 2 个球，其中取到白球的个数 X，就是一个变量，它可能取值 0，1，2，而具体取到哪个值是随机的，在试验前不确定.

【案例4】 某段时间内某网站被点击的次数 Y 是随机的变量，可取值为 0，1，2，$\cdots$，上述两个例子中，X，Y 具有以下特点：

(1) 取值是随机的. 即它所取得的值是由试验的结果而定的，事先并不知道取到哪一个值；

(2) 概率的确定性. 即它所取得的值的概率是确定的.

在随机试验中，如果可以用一个具有上述特点的变量来表示，那么这个变量称为随机变量. 随机变量一般用希腊字母 ξ，η 或者大写字母 X，Y，Z 等表示.

随机变量按其取值情况可分为离散型和连续型两类. 离散型随机变量只取有限个值, 连续型随机变量取值可包含某实数区间的全部值.

2. 分布函数

为方便起见, 随机变量 X 在区间 $(-\infty, x]$ 中取值记为 $(X \leqslant x)$.

【定义7】 设随机变量 X, x 为任意实数, 称函数

$$F(x) = P(X \leqslant x)$$

为 X 的分布函数.

分布函数有如下性质:

(1) $0 \leqslant F(x) \leqslant 1$;

(2) $F(x)$ 是 x 的不减函数;

(3) $\lim\limits_{x \to -\infty} F(x) = 0$, $\lim\limits_{x \to +\infty} F(x) = 1$.

对任意 $a < b$, 则 $P(a \leqslant x \leqslant b) = F(b) - F(a)$. 即当分布函数已知时, 随机变量落在该区间的概率就可以确定了.

二、离散型随机变量的分布

1. 离散型随机变量的分布律

【案例5】 袋中有5个球, 红球3个, 白球2个. 现从袋中任意取出2个球, 设随机变量 X 表示取得红球的个数, 则 X 的所有可能取值为0, 1, 2. 且

$$P(X = 0) = \frac{1}{C_5^2} = 0.1, \quad P(X = 1) = \frac{C_3^1 C_2^1}{C_5^2} = 0.6,$$

$$P(X = 2) = \frac{C_3^2}{C_5^2} = 0.3.$$

即可表示为

X	0	1	2
P	0.1	0.6	0.3

【定义8】 设随机变量 X 的所有可能取值为 x_1, x_2, $\cdots$, x_k, $\cdots$, 且

$$P(X = x_k) = P_k \quad (k = 1, 2, \cdots).$$

则称 $P(X = x_k) = P_k (k = 1, 2, \cdots)$ 为 X 的概率分布或分布律.

通常用表格的形式表示如下:

X	x_1	x_2	$\cdots$	x_k	$\cdots$
P	p_1	p_2	$\cdots$	p_k	$\cdots$

2. 离散型随机变量的分布函数

对于离散型随机变量 X，其概率分布为 $P(X=x_k)=p_k$，$k=1, 2, \cdots, n, \cdots$，则分布函数 $F(x)=P(X\leq x)=\sum\limits_{k:\, x_k\leq x}p_k.$

【例10】 某学生参加一次智力竞赛，共回答三个问题. 求该生答对题数的概率分布.

【解】 设随机变量 X 为答对题数，则 X 的可能值为 0，1，2，3，由于

$$P(X=0)=\frac{1}{2^3}=\frac{1}{8}, \quad P(X=1)=\frac{C_3^1}{2^3}=\frac{3}{8},$$

$$P(X=2)=\frac{C_3^2}{2^3}=\frac{3}{8}, \quad P(X=3)=\frac{1}{2^3}=\frac{1}{8}.$$

所以答对题数 X 的分布律为：

X	0	1	2	3
P	$\frac{1}{8}$	$\frac{3}{8}$	$\frac{3}{8}$	$\frac{1}{8}$

由分布函数的定义可得

当 $x<0$ 时，$F(x)=P(X\leq x)=0.$

当 $0\leq x<1$ 时，$F(x)=P(X\leq x)=P(X=0)=\frac{1}{8}.$

当 $1\leq x<2$ 时，$F(x)=P(X\leq x)=P(X=0)+P(X=1)=\frac{1}{8}+\frac{3}{8}=\frac{1}{2}.$

当 $2\leq x<3$ 时，$F(x)=P(X\leq x)=P(X=0)+P(X=1)+P(X=2)=\frac{7}{8}.$

当 $x\geq 3$ 时，$F(x)=P(X\leq x)=P(X=0)+P(X=1)+P(X=2)+P(X=3)=1.$

即分布函数为

$$F(x)=\begin{cases}0, & x<0;\\ \dfrac{1}{8}, & 0\leq x<1;\\ \dfrac{1}{2}, & 1\leq x<2;\\ \dfrac{7}{8}, & 2\leq x<3;\\ 1, & x\geq 3.\end{cases}$$

3. 几种常见的典型离散型随机变量的分布

名称	分布律	表示
0-1分布	$P(X=1)=p,\ P(X=0)=1-p,\ (0<p<1)$	$X \sim (0-1)$
二项分布	$P(X=k)=C_n^k p^k(1-p)^{n-k},\ (k=0,1,2,\cdots,n)$	$X \sim B(n,p)$
泊松分布	$P(X=k)=\dfrac{\lambda^k}{k!}e^{-\lambda},\ (k=0,1,2,\cdots,\lambda>0)$	$X \sim p(\lambda)$.

说明：(1) n 重伯努利试验中事件 A 发生的次数 X 服从参数为 n,p 的二项分布．

(2) 当 $n=1$ 时，二项分布就是 0-1 分布．

(3) 当次数 n 很大时，事件 A 在每次试验中发生的概率 p 很小的时候，泊松分布作为二项分布的近似，有 $C_n^k p^k(1-p)^{n-k} \approx \dfrac{\lambda^k}{k!}e^{-\lambda}$，（其中 $\lambda = np$）．

【例11】 保险公司售出某种寿险保单 2500 份，已知此项寿险每单需交保费 120 元，当被保人一年内死亡时，其家属可从保险公司获得 2 万元的赔偿（即保额为 2 万元）．若此类被保人一年内死亡的概率为 0.002，试求：

(1) 保险公司的此项寿险亏损的概率；

(2) 保险公司从此项寿险获利不少于 10 万元的概率；

(3) 获利不少于 20 万元的概率．

【解】 保险公司亏损就看保费收入与其支付保额的差是正还是负．设一年内被保险人死亡人数为 X．保费收入为 $2500 \times 120 = 30$ 万元．其实际支付的保额则是每份保单的保额与一年内被保人的死亡人数的乘积 $2X$．显然 $X \sim B(2500, 0.002)$．则

(1) 公司亏本的概率为

$$P(30-2X<0) = P(X<15) = 1-P(X \leq 15) = 1 - \sum_{k=0}^{15} C_{2500}^k 0.002^k \cdot 0.998^{2500-k}$$

$$= 1 - \sum_{k=0}^{15} \frac{5^k}{k!}e^{-5} = 1 - 0.9999 = 0.0001.$$

$(\lambda = np = 2500 \times 0.002 = 5)$．

(2) 公司获利不少于 10 万元的概率为

$$P(30-2X \geq 10) = P(X \leq 10) = \sum_{k=0}^{10} C_{2500}^k 0.002^k \cdot 0.998^{2500-k}$$

$$= \sum_{k=0}^{10} \frac{5^k}{k!}e^{-5} = 0.9863.$$

(3) 公司获利不少于20万元的概率为

$$P(30 - 2X \geq 20) = P(X \leq 5) = \sum_{k=0}^{5} C_{2500}^{k} 0.002^k \cdot 0.998^{2500-k}$$

$$= \sum_{k=0}^{5} \frac{5^k}{k!} e^{-5} = 0.6160.$$

三、连续型随机变量及其分布

1. 连续型随机变量的概率密度

【案例6】 假如某地铁站每隔5分钟发出一班列车，某人到该站的候车时间 X 是随机的，X 可取 $[0, 5]$ 内的任意值，这类变量就是连续型随机变量.

【定义9】 设 X 为随机变量，若存在非负函数 $f(x)$，使得

$$P(a < X \leq b) = \int_a^b f(x) \mathrm{d}x,$$

则称 X 为连续型随机变量，并称 $f(x)$ 为 X 的概率密度函数，简称概率密度. 记为 $X \sim f(x)$.

概率密度有如下性质：

(1) $f(x) \geq 0$, (2) $\int_{-\infty}^{+\infty} f(x) \mathrm{d}x = 1$.

在定义中取 $a = b$，则有 $P(X = a) = \int_a^a f(x) \mathrm{d}x = 0$. 即连续型随机变量在任一指定值的概率为0. 因此有

$$P(a \leq X \leq b) = P(a \leq X < b) = P(a < X < b) = P(a < X \leq b) = \int_a^b f(x) \mathrm{d}x.$$

2. 连续型随机变量的分布函数

由分布函数的定义知，连续型随机变量 X 的分布函数为

$$F(x) = P(X \leq x) = \int_{-\infty}^{x} f(t) \mathrm{d}t.$$

显然 $F'(x) = f(x)$，即概率密度函数 $f(x)$ 是分布函数 $F(x)$ 的导数.

【例12】 某线路地铁每隔5分钟开出一辆，乘客到站候车时间 X 是一个随机变量，且 X 在 $[0, 5]$ 上任一子区间内取值的概率与这区间长度成正比. 求 X 的分布函数 $F(x)$ 及概率密度 $f(x)$.

【解】 $0 < X \leq 5$, $P(0 < X \leq 5) = 1$.

若 $[c, d] \subset [0, 5]$，有 $P(c \leq X \leq d) = \lambda(d - c)$. λ 为比例常数.

特别地，取 $c = 0, d = 5$, $P(0 \leq X \leq 5) = \lambda(5 - 0) = 5\lambda$，因此 $\lambda = \frac{1}{5}$.

$$F(x) = P(X \leq x) = \begin{cases} 0, & x < 0; \\ \dfrac{1}{5}x, & 0 \leq x < 5; \\ 1, & x \geq 5. \end{cases}$$

$F(x)$ 的图形如图 4-1 所示.

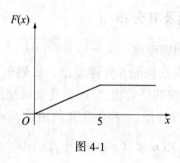

图 4-1

对 $F(x)$ 求导得概率密度为

$$f(x) = \begin{cases} \dfrac{1}{5}, & 0 \leq x \leq 5; \\ 0, & \text{其他}. \end{cases}$$

3. 几种常见的连续型随机变量分布(见下表)

名称	概率密度	表示
均匀分布	$f(x) = \begin{cases} \dfrac{1}{b-a}, & a \leq x \leq b \\ 0, & \text{其他} \end{cases}$	$X \sim U[a, b]$
指数分布	$f(x) = \begin{cases} \lambda e^{-\lambda x}, & x \geq 0 \\ 0, & x < 0 \end{cases} (\lambda > 0)$	$X \sim E(\lambda)$
正态分布	$f(x) = \dfrac{1}{\sqrt{2\pi}\sigma} e^{-\frac{(x-\mu)^2}{2\sigma^2}}$	$X \sim N(\mu, \sigma^2)$

上例地铁站乘客等候时间服从 $[0, 5]$ 上的均匀分布. 还可求出乘客等候时间不超过 3 分钟的概率为

$$P(0 < X \leq 3) = \int_0^3 \dfrac{1}{5} dx = \dfrac{1}{5}(3 - 0) = \dfrac{3}{5}.$$

【例 13】 某元件寿命 X 服从参数为 $\lambda \left(\lambda = \dfrac{1}{2000}\right)$ 的指数分布,3 个这样的元件使用 1000 小时后,都没有损坏的概率是多少?

【解】 $F(x) = P(X \leq x) = \int_{-\infty}^{x} f(t) dt = \int_{0}^{x} \lambda e^{-\lambda t} dt = 1 - e^{-\lambda t}$.

即参数为 λ 的指数分布函数为 $F(x) = 1 - e^{-\frac{x}{2000}}(x > 0)$.

$$P(X \geq 1000) = 1 - P(X \leq 1000) = 1 - F(1000) = e^{-\frac{1}{2}}.$$

各元件寿命相互独立，因此 3 个这样的元件使用 1000 小时都未损坏的概率可看成 3 重伯努利试验 3 次都成功的概率 $C_3^3 (e^{-\frac{1}{2}})^3 \cdot (1 - e^{-\frac{1}{2}})^0 = e^{-\frac{3}{2}} \doteq 0.223$.

4.3 随机变量的数字特征

一、随机变量的数学期望

1. 数学期望的定义

【案例 7】 在相同条件下，甲、乙两人进行射击，他们击中的环数分别记为 X，Y，分布律如下：

X	8	9	10
P	0.3	0.1	0.6

Y	8	9	10
P	0.2	0.5	0.3

试比较两人中谁的成绩好.

假设甲、乙两人各射击 10 次，则他们平均击中的环数分别为

甲 $\dfrac{8 \times 0.3 \times 10 + 9 \times 0.1 \times 10 + 10 \times 0.6 \times 10}{10} = 9.3(环)$

乙 $\dfrac{8 \times 0.2 \times 10 + 9 \times 0.5 \times 10 + 10 \times 0.3 \times 10}{10} = 9.1(环)$

因此，甲的成绩要比乙好.

在概率论里，反映平均数概念的就是数学期望.

【定义 10】 设离散型随机变量 X 的分布律为
$$P(X = x_k) = p_k (k = 1, 2, \cdots)$$

则称和式 $\sum_k x_k p_k$ 为随机变量 X 的数学期望. 简称期望或均值. 记作

$$E(X) = \sum_k x_k p_k = x_1 p_1 + x_2 p_2 + \cdots + x_k p_k + \cdots$$

【例14】 在案例7中 $E(X) = 8 \times 0.3 + 9 \times 0.1 + 10 \times 0.6 = 9.3($环$)$,
$$E(Y) = 8 \times 0.2 + 9 \times 0.5 + 10 \times 0.3 = 9.1(环).$$
故甲成绩比乙好.

【例15】 按规定，某车站每天8:00～9:00和9:00～10:00都恰有一辆客车到站，但到站的时刻是随机的，且两者到站的时间相互独立，其规律为

8:00～9:00 到站时间	8:10	8:30	8:50
9:00～10:00 到站时间	9:10	9:30	9:50
概率	$\dfrac{1}{6}$	$\dfrac{1}{2}$	$\dfrac{1}{3}$

一旅客8:20到车站，求他候车时间的数学期望.

【解】 设旅客的候车时间为 X(以分钟计)，则 X 的分布律为

X	10	30	50	70	90
P	$\dfrac{1}{2}$	$\dfrac{1}{3}$	$\dfrac{1}{6} \times \dfrac{1}{6}$	$\dfrac{1}{2} \times \dfrac{1}{6}$	$\dfrac{1}{3} \times \dfrac{1}{6}$

例如 $P(X = 70) = P(AB) = P(A)P(B) = \dfrac{1}{6} \times \dfrac{1}{2}$，其中事件 A 为"第一班车8:10到站"，事件 B 为"第二班车9:30到站"，则候车时间 X 的数学期望为

$$E(X) = 10 \times \dfrac{1}{2} + 30 \times \dfrac{1}{3} + 50 \times \dfrac{1}{36} + 70 \times \dfrac{1}{12} + 90 \times \dfrac{1}{18} = 27.22(分)$$

【定义11】 如果连续型随机变量 X 的概率密度为 $f(x)$，则称

$$E(X) = \int_{-\infty}^{+\infty} xf(x)\,\mathrm{d}x$$

为随机变量 X 的数学期望.

【例16】 设随机变量 X 服从 $[a, b]$ 上的均匀分布，计算 X 的数学期望.

【解】 因为 $X \sim U[a, b]$，所以 X 的概率密度为

$$f(x) = \begin{cases} \dfrac{1}{b-a}, & a \leqslant x \leqslant b \\ 0, & 其他 \end{cases}$$

$$E(X) = \int_{-\infty}^{+\infty} xf(x)\,\mathrm{d}x = \int_a^b x \dfrac{1}{b-a}\mathrm{d}x = \dfrac{1}{b-a} \cdot \dfrac{x^2}{2}\bigg|_a^b = \dfrac{a+b}{2}.$$

2. 数学期望的性质

(1) 设 C 是常数，则有 $E(C) = C$；

(2) 设 X 是随机变量，C 是常数，则有 $E(CX) = CE(X)$；

(3) 设 X，Y 是随机变量，则有 $E(X+Y) = E(X) + E(Y)$（该性质可推广到有限个随机变量之和的情况）.

二、随机变量的方差

1. 方差的定义

【案例 8】 甲、乙两厂生产同一种规格的元件，其使用寿命（千小时）的概率分布如下表所示（X 表示甲厂生产的元件的使用寿命，Y 表示乙厂生产的元件的使用寿命）：

X	4	5	6
P	$\frac{1}{8}$	$\frac{3}{4}$	$\frac{1}{8}$

Y	1	5	9
P	$\frac{2}{5}$	$\frac{1}{5}$	$\frac{2}{5}$

比较甲、乙两厂元件的质量.

【分析】 甲、乙两厂元件的平均使用寿命分别为 $E(X) = 5$（千小时），$E(Y) = 5$（千小时），但两厂元件的使用寿命偏离 5 千小时的程度不同. 如何刻画随机变量值与期望的偏离程度呢？

最简单的方法是计算随机变量 X 与其期望 $E(X)$ 的距离的期望，即 $E|X - E(X)|$. 由于绝对值的计算较为复杂，改为计算随机变量值与其期望 $E(X)$ 的差的平方的期望，即 $E[X - E(X)]^2$.

【定义 12】 设 X 是一个随机变量，若 $E[X - E(X)]^2$ 存在，则称 $E[X - E(X)]^2$ 为 X 的方差，记为 $D(X)$. 即 $D(X) = E[X - E(X)]^2$，并称 $\sqrt{D(X)}$ 为 X 的标准差.

随机变量 X 的方差表达了 X 的取值与其均值的偏离程度. 方差的计算的另一个公式为：

$$D(X) = E(X^2) - [E(X)]^2$$

案例 8 中的解

$E(X) = 5$，又 $E(X^2) = 4^2 \times \frac{1}{8} + 5^2 \times \frac{3}{4} + 6^2 \times \frac{1}{8} = 25.25$

所以 $D(X) = E(X^2) - [E(X)]^2 = 25.25 - 25 = 0.25$

类似可得 $E(Y) = 5$，$E(Y^2) = 1^2 \times \frac{2}{5} + 5^2 \times \frac{1}{5} + 9^2 \times \frac{2}{5} = 37.8$

$$D(Y) = 12.8.$$

所以甲厂元件的质量比乙厂好.

2. 方差的性质

随机变量的方差有以下性质：
(1) 设 C 是常数，则有 $D(C) = 0$；
(2) 设 C 是常数，则有 $D(CX) = C^2 D(X)$；
(3) 设 X, Y 是相互独立的随机变量，则有 $D(X+Y) = DX + DY$.

【例17】 投资决策问题. 某人有一笔资金，可投入两个项目：房地产和商业，其收益都与市场状态有关. 若把未来市场分为好、中、差三个等级，其发生的概率分别为 0.2, 0.7, 0.1. 通过调查，该投资者认为投资于房地产的收益 X(万元) 和投资于商业的收益 Y(万元) 的分布律分别为

X	11	3	−3
P	0.2	0.7	0.1

Y	6	4	−1
P	0.2	0.7	0.1

该投资者如何投资为好？

【解】 经计算得
$$E(X) = 11 \times 0.2 + 3 \times 0.7 + (-3) \times 0.1 = 4,$$
又 $E(X^2) = 11^2 \times 0.2 + 3^2 \times 0.7 + (-3)^2 \times 0.1 = 31.4$,
所以 $D(X) = E(X^2) - [E(X)]^2 = 15.4$.
类似可得 $E(Y) = 3.9$, $E(Y^2) = 18.5$, $D(Y) = 3.29$.

因为方差越大，收益的波动越大，从而风险也越大. 若综合权衡收益和风险，应选择第二种方案，即投资商业.

3. 常见分布的数学期望和方差（见下表）

类型	分布名称	数学期望	方差
离散型	0 − 1 分布	p	pq
	二项分布 $X \sim B(n, p)$	np	npq
	泊松分布 $X \sim P(\lambda)$	λ	λ
连续型	均匀分布 $X \sim U(a, b)$	$\dfrac{a+b}{2}$	$\dfrac{(b-a)^2}{12}$
	指数分布 $X \sim E(\lambda)$	$\dfrac{1}{\lambda}$	$\dfrac{1}{\lambda^2}$
	正态分布 $X \sim N(\mu, \sigma^2)$	μ	σ^2

4.4 统 计 初 步

一、统计量

1. 总体和样本

【案例9】 考察我校大学一年级新生的体重与身高,讨论总体、个体、样本、样本容量、样本值等概念.

【分析】 我们称我校一年级的全体新生所构成的集合为总体,每个新生为个体. 现从中随机抽取 500 名新生进行测量,那么这 500 名新生的体重与身高就是一个样本,样本容量为 500. 对这 500 名新生进行检测之后得到一组关于这 500 人的身高、体重的具体数据就是样本观测值.

在统计学中,把研究对象的全体称为总体,组成总体的每一个基本单位称为个体,从总体中随机抽取部分个体组成的集合称为样本,样本中包含个体的个数称为样本容量.

2. 统计量

【定义13】 不含未知参数的样本函数 $f(x_1, x_2, \cdots, x_n)$ 称为统计量.

常用统计量有:样本均值 $\overline{X} = \dfrac{1}{n}\sum\limits_{i=1}^{n} X_i$ 与样本方差 $S^2 = \dfrac{1}{n-1}\sum\limits_{i=1}^{n}(X_i - \overline{X})^2$.

例如,希望知道全校一年级新生的平均身高,一个简单的方法就是随机抽取 200 名新生,用这个样本 $(x_1, x_2, \cdots, x_{200})$ 的平均身高 $\dfrac{x_1 + x_2 + \cdots + x_{200}}{200}$ 去估计总体的平均身高,在此过程中,称 $\dfrac{x_1 + x_2 + \cdots + x_{200}}{200}$ 为统计量.

通常用 $\overline{X}$ 反映总体 X 取值的平均水平. S^2 反映总体 X 取值的离散程度.

二、参数估计

根据总体的样本对总体分布中的未知参数做出估计,称为参数估计. 参数估计包括参数的点估计和区间估计.

1. 点估计

点估计是以样本的某个函数值估计总体的未知参数.

由于样本在一定程度上反映总体的信息,所以人们常用样本均值作为总体均值的估计量,用样本方差作为总体方差的估计量.

【例18】 从某厂生产的产品中随机抽取 8 件,量得内径的数值如下(单位:mm):

15.3, 14.9, 15.2, 15.1, 14.8, 14.6, 15.1, 14.7

试估计该日生产的这些产品的内径的均值和标准差.

【解】 样本的平均数是 $\bar{X} = \frac{1}{8}(15.3 + 14.9 + \cdots + 14.7) = 14.9625$

样本标准差为 $S = \sqrt{\dfrac{\sum\limits_{i=1}^{n}(X_i - \bar{X})^2}{n-1}} = 0.2504$,

即产品的内径的均值估计为 14.9625, 标准差估计为 0.2504.

2. 区间估计

点估计是用一个点(估计值)去估计未知参数 θ, 区间估计是用一个区间范围去估计未知参数, 区间估计还能反映估计值与真值的误差范围以及这个范围包含真值的可信程度.

区间估计的具体做法是, 构造两个统计量 $\hat{\theta}_1 = \hat{\theta}_1(X_1, X_2, \cdots, X_n)$, $\hat{\theta}_2 = \hat{\theta}_2(X_1, X_2, \cdots, X_n)(\hat{\theta}_1 \leq \hat{\theta}_2)$, 用区间 $(\hat{\theta}_1, \hat{\theta}_2)$ 来估计未知参数 θ 的可能取值范围, 要求 θ 落在区间 $(\hat{\theta}_1, \hat{\theta}_2)$ 内的概率尽可能的大. 通常, 事先给定一个很小的数 $\alpha(0 < \alpha < 1$, 常取 5% 或 1%), 按概率 $1-\alpha$ 估计总体参数 θ 可能落入区间 $(\hat{\theta}_1, \hat{\theta}_2)$ 的概率.

$1-\alpha$ 称为置信度或置信水平, α 称为检验水平(估计不成功的概率). 区间 $(\hat{\theta}_1, \hat{\theta}_2)$ 称为置信度为 $1-\alpha$ 的置信区间.

习题 A

习题 4.1

1. 设有两个随机事件 A、B 相互独立, 已知仅有 A 发生的概率为 $\dfrac{1}{4}$, 仅有 B 发生的概率为 $\dfrac{1}{2}$, 则 $P(A) = $ _____, $P(B) = $ _____.

2. 向指定目标射击三枪, 分别用 A、B、C 表示第一, 第二, 第三枪击中目标, 试表示:
(1) 只有第一枪击中;
(2) 至少有一枪击中;
(3) 至少有两枪击中;
(4) 三枪都未击中.

3. 一批产品由 90 件正品和 10 件次品组成，从中任取一件，求取得正品的概率.

4. 一批产品20件，其中3件次品，任取10件，求其中至少有1件次品的概率.

5. 设 A、B 为两个随机事件，已知 $P(A) = 0.4$，$P(B) = 0.3$，$P(A+B) = 0.5$，求 $P(AB)$.

6. 对某班学生调查结果统计表明，有 80% 的同学喜欢球类运动，有 50% 的同学喜欢田径运动，40% 的同学喜欢球类和田径运动.（1）求该班不喜欢这两项运动中任何一项的学生所占的百分比.（2）若已知一学生喜欢田径运动，问该学生喜欢球类运动的概率.

7. 盒中有 5 个乒乓球，其中 3 个红色，2 个黄色，现从盒中任意摸出两个球，每次一个，摸出的球不放回，求第二次摸出的球是红色球的概率.

习题 4.2

1. 设随机变量 X 的取值分别为 0、1、2、3，相应的概率分别为 0.1、0.2、K、0.5，求：（1）K；（2）$P(X \le 1.5)$.

2. 一个不懂英语的人参加 GMAT 机考，假设考试有 5 个选择题，每题有 4 个选项（单选），试求：此人答对 3 题或 3 题以上的概率.

3. 一个袋中有 5 个球，编号为 1、2、3、4、5，在其中同时取 3 个，以 X 表示取出的 3 个球中的最大号码，试求 X 的概率分布.

4. 某城市有 20% 的家庭安装了安全系统，若在该城市随访 20 户，求：
（1）最多有 3 户安装安全系统的概率；
（2）至少有 5 户安装安全系统的概率.

5. 某类电子元件使用寿命在 1000 小时以上的概率为 0.2，现取这种类型的元件 3 只，求：
（1）使用 1000 小时以后损坏的个数的分布.
（2）使用 1000 小时以后，最多损坏 1 只的分布.

6. 随机变量 X 的概率密度为 $f(x) = \begin{cases} \dfrac{x}{2}, & 0 < x < 2, \\ 0, & x \ge 2. \end{cases}$，求：（1）$P(1 < X < 3)$；（2）$X$ 的分布函数.

7. 某种型号的电子管的寿命 X（以小时计）具有概率密度函数

$$f(x) = \begin{cases} \dfrac{1000}{x^2}, & x > 1000, \\ 0, & \text{其他.} \end{cases}$$

求：（1）寿命大于 1500h 的概率是多少？
（2）现在一大批这种电子管（设各电子管损坏与否相互独立），从中任取 5 只，使用寿命全部都大于 1500h 的概率和其中至多有 1 只大于 1500h 的概率分别是多少?

8. 设 $X \sim N(0, 1)$. 求下列概率:
(1) $P(X > 0.5)$　(2) $P(X \leq -2.3)$　(3) $P(X > -2.3)$
(4) $P(-1 < X \leq 1.5)$

9. 某中学高考数学成绩近似地服从正态分布 $X \sim N(100, 100)$. 求该校数学成绩在 120 分以上的考生占总人数的百分比.

习题 4.3

1. 一批产品有一、二、三等品,等外品,废品 5 种,相应的概率分别为 0.7, 0.1, 0.1, 0.06 及 0.04, 若其值分别为 6 元, 5.4 元, 5 元, 4 元及 0 元, 求产品的平均价值.

2. 已知 100 个产品中有 10 个次品,求任意取出 5 个产品中次品数的期望值.

3. 一批玉米种子的发芽率是 75%,播种时每穴 3 粒,求每穴发芽种子粒数的数学期望.

4. 对某一目标进行射击,直至击中为止,如果每次射击命中率为 0.8, 求射击次数 X 的期望和方差.

5. 某人有 10 万元,有两种投资方案:一是购买股票,二是存入银行获取利息. 买股票的收益取决于经济形势,假设可分三种状态:形势好,形势中等,形势不好. 三种状态可分别获利 4 万元, 1 万元和损失 3 万元,如果存入银行,假设年利率为 2.25%, 即可得到利息 2250 元,又设经济形势好、中、差的概率分别为 20%, 45% 和 35%, 试问选择哪一种方案可使投资的收益最大?

习题 4.4

1. 设有一组样本值为: 9.0, 7.8, 8.2, 10.5, 7.5, 8.8, 10.0, 9.4, 8.5, 9.5, 8.4, 9.8. 试求其样本均值和样本方差.

2. 某旅行社调查当地旅游者的平均消费额,随机访问了 100 名旅游者, 得知平均消费额为 $\bar{x} = 3125.33$ 元, 根据经验, 已知旅游者消费服从正态分布, 且标准差为 $\sigma = 155$ 元, 求该地旅游者平均消费额 μ 的置信水平为 99% 的置信区间.

习题 B

习题 4.1

1. 某电子产品的寿命 x(以小时计)具有概率密度函数.

$$f(x) = \begin{cases} \dfrac{1}{100} e^{-\frac{x}{100}}, & x > 0 \\ 0, & \text{其他} \end{cases}$$

求:(1) 寿命至少为 200 小时的概率是多少?

(2) 从一大批电子产品中任取 5 只,其中至少 2 只寿命大于 200 小时的概率是多少?

习题 4.2

1. (1) 设随机变量 x 的概率分布见表.

X	-2	-1	0	2
P	$\dfrac{1}{3}$	$\dfrac{1}{6}$	$\dfrac{1}{4}$	$\dfrac{1}{4}$

求 $E(x)$.

(2) 设随机变量 x 的概率分布见表.

X	-2	-1	1
P	$2C$	$3C$	$4C$

求常数 C 的值和 $E(x)$.

2. 把 3 个球放入 2 个盒中,假设每个球放入每个盒中的可能性相同,求放入第一个盒中球的个数的教学期望与方差.

3. 袋中有 8 个产品,其中 4 个次品,任取 3 个,用 X 表示 3 个产品中次品的个数,求 $E(X)$,$D(X)$.

4. 已知连续型随机变量 X 的概率密度为

$$f(x) = \begin{cases} \cos x, & -\dfrac{\pi}{2} \leqslant x \leqslant 0 \\ 0, & \text{其他.} \end{cases}$$

求 $E(X)$,$D(X)$.

第5章　二元函数的偏导数及其应用

前三章我们讨论了一元函数的微积分，研究的对象是一元函数，但在许多实际问题中，常常遇到含有两个或更多个自变量的函数，即多元函数. 本章主要讨论二元函数的偏导数及其应用.

5.1　二元函数及其偏导数的概念

一、二元函数的偏导数

【案例1】　圆柱体的体积 V 和它的半径 r、高 h 之间具有关系 $V = \pi r^2 h$.

一般地，可得到二元函数的定义：

【定义1】　对于两个变量 x, y 在平面点集 D 内的每一对值（即 $(x, y) \in D$），另一个变量 z 有唯一确定的值与之对应，则称变量 z 为定义在 D 上的二元函数，记为

$$z = f(x, y), (x, y) \in D$$

x, y 为自变量，D 为定义域.

一元函数的导数和微分推广到二元函数会是什么样子呢？下面就来分析.

【定义2】　设函数 $z = f(x, y)$ 在点 (x_0, y_0) 的某一邻域内有定义，当自变量 x 在 x_0 处有改变量 Δx，而自变量 $y = y_0$ 保持不变时，相应地函数有改变量 $f(x_0 + \Delta x, y_0) - f(x_0, y_0)$，如果极限 $\lim\limits_{\Delta x \to 0} \dfrac{f(x_0 + \Delta x, y_0) - f(x_0, y_0)}{\Delta x}$ 存在，则称此极限为函数 $z = f(x, y)$ 在点 (x_0, y_0) 处对 x 的偏导数，记作

$$\left.\frac{\partial z}{\partial x}\right|_{(x_0, y_0)} \text{或} \left.\frac{\partial f}{\partial x}\right|_{(x_0, y_0)} \text{或} \left.z'_x\right|_{(x_0, y_0)} \text{或} f'_x(x_0, y_0).$$

类似地，可定义二元函数 $z = f(x, y)$ 在点 (x_0, y_0) 处对 y 的偏导数为

$$\left.\frac{\partial z}{\partial y}\right|_{(x_0, y_0)} \text{或} \left.\frac{\partial f}{\partial y}\right|_{(x_0, y_0)} \text{或} \left.z'_y\right|_{(x_0, y_0)} \text{或} f'_y(x_0, y_0)$$

如果函数 $z = f(x, y)$ 在 D 内的每一点 (x, y) 处的偏导数都存在，则称函数 $f(x, y)$ 在 D 内对 x（或 y）的偏导数存在.

由偏导数的定义可知，求二元函数对某个自变量的偏导数，只需将另一个变

量看成常数，用一元函数求导法即可求得.

【例1】 求 $z = x^3 + 3x^2y + y^2$ 在 $(1, 2)$ 处的偏导数.

【解】 把 y 看作常数，对 x 求导，得 $\dfrac{\partial z}{\partial x} = 3x^2 + 6xy$.

把 x 看作常数，对 y 求导，得 $\dfrac{\partial z}{\partial y} = 3x^2 + 2y$.

将 $x = 1$，$y = 2$ 代入得 $\dfrac{\partial z}{\partial x}\bigg|_{\substack{x=1\\y=2}} = 15$，$\dfrac{\partial z}{\partial y}\bigg|_{\substack{x=1\\y=2}} = 7$.

【例2】 设函数 $z = xy + \dfrac{x}{y}$，求 $\dfrac{\partial z}{\partial x}$，$\dfrac{\partial z}{\partial y}$.

【解】 $\dfrac{\partial z}{\partial x} = y + \dfrac{1}{y}$，$\dfrac{\partial z}{\partial y} = x - \dfrac{x}{y^2}$.

【例3】 设 $z = xe^{-xy} + \sin(xy)$，求 $\dfrac{\partial z}{\partial x}$，$\dfrac{\partial z}{\partial y}$.

【解】 $\dfrac{\partial z}{\partial x} = e^{-xy} - xye^{-xy} + y\cos(xy)$，$\dfrac{\partial z}{\partial y} = -x^2 e^{-xy} + x\cos(xy)$.

二、二阶偏导数

如果在区域 D 内偏导数 $\dfrac{\partial z}{\partial x} = f_x(x, y)$，$\dfrac{\partial z}{\partial y} = f_y(x, y)$ 的偏导数存在，则称它们是函数 $z = f(x, y)$ 的二阶偏导数，即

$$\frac{\partial^2 z}{\partial x^2} = \frac{\partial}{\partial x}\left(\frac{\partial z}{\partial x}\right),\ \frac{\partial^2 z}{\partial x \partial y} = \frac{\partial}{\partial y}\left(\frac{\partial z}{\partial x}\right),\ \frac{\partial^2 z}{\partial y \partial x} = \frac{\partial}{\partial x}\left(\frac{\partial z}{\partial y}\right),\ \frac{\partial^2 z}{\partial y^2} = \frac{\partial}{\partial y}\left(\frac{\partial z}{\partial y}\right).$$

或记为 z''_{xx}，z''_{xy}，z''_{yx}，z''_{yy}.

【例4】 求函数 $z = x^2 y^3 - 4xy^2 + xy$ 的二阶偏导数.

【解】 $\dfrac{\partial z}{\partial x} = 2xy^3 - 4y^2 + y$，$\dfrac{\partial z}{\partial y} = 3x^2y^2 - 8xy + x$，$\dfrac{\partial^2 z}{\partial x^2} = 2y^3$，$\dfrac{\partial^2 z}{\partial x \partial y} = 6xy^2 - 8y + 1$，$\dfrac{\partial^2 z}{\partial y \partial x} = 6xy^2 - 8y + 1$，$\dfrac{\partial^2 z}{\partial y^2} = 6x^2 y - 8x$.

5.2 二元函数的极值

一、二元函数的极值

【案例2】 某工厂生产两种产品 A 和 B，出售单价分别为10元和9元，生产 x

单位的产品 A 和 y 单位的产品 B 的总费用是
$$400 + 2x + 3y + 0.01 \times (3x^2 + xy + 3y^2)(元)$$
问两种产品的产量各为多少时，取得最大利润？

跟一元函数一样，这是二元函数的最优化问题，下面我们讨论二元函数的极值与最值问题.

【定义3】 如果二元函数 $z = f(x, y)$ 对于点 (x_0, y_0) 的某一邻域内的所有点，总有 $f(x, y) < f(x_0, y_0)$，$(x, y) \neq (x_0, y_0)$，则称 $f(x_0, y_0)$ 是函数 $f(x, y)$ 的极大值，点 (x_0, y_0) 称为极大值点；如果总有 $f(x, y) > f(x_0, y_0)$，$(x, y) \neq (x_0, y_0)$，则称 $f(x_0, y_0)$ 是函数 $f(x, y)$ 的极小值，点 (x_0, y_0) 称为极小值点.

极大值和极小值统称为极值.

【定理1】（极值存在的必要条件）如果函数 $z = f(x, y)$ 在点 (x_0, y_0) 具有偏导数，且在点 (x_0, y_0) 处有极值，则它在该点的偏导数必然为零. 即
$$f'_x(x_0, y_0) = 0, \quad f'_y(x_0, y_0) = 0.$$

【说明】 使 $f'_x(x, y) = 0$，$f'_y(x, y) = 0$ 同时成立的点 (x, y)，称为函数 $z = f(x, y)$ 的驻点. 极值点可能在驻点取得，但驻点不一定是极值点.

【定理2】（极值存在的充分条件）设函数 $z = f(x, y)$ 在点 (x_0, y_0) 的某邻域内具有连续的二阶偏导数，且点 (x_0, y_0) 是函数的驻点，即 $f'_x(x_0, y_0) = 0$，$f'_y(x_0, y_0) = 0$. 若记 $f''_{xx}(x_0, y_0) = A$，$f''_{xy}(x_0, y_0) = B$，$f''_{yy}(x_0, y_0) = C$，则

(1) 当 $B^2 - AC < 0$ 时，点 (x_0, y_0) 是极值点，且若 $A < 0$，点 (x_0, y_0) 是极大值点；若 $A > 0$，点 (x_0, y_0) 是极小值点.

(2) 当 $B^2 - AC > 0$ 时，点 (x_0, y_0) 不是极值点.

(3) 当 $B^2 - AC = 0$ 时，不能确定点 (x_0, y_0) 是否为极值点，需另作讨论.

【例5】 求函数 $f(x, y) = x^2 + y^2 - 2x + 1$ 的极值.

【解】 令 $\begin{cases} f'_x = 2x - 2 = 0 \\ f'_y = 2y = 0 \end{cases}$，得驻点：$(1, 0)$.

$A = f''_{xx} = 2$，$B = f''_{xy} = 0$，$C = f''_{yy} = 2$，得 $B^2 - AC = -4 < 0$. $A = 2 > 0$
故在点 $(1, 0)$ 处函数取得极小值 $f(1, 0) = 0$.

二、最优化问题

1. 无约束最优化问题

所谓最优化问题，就是寻求目标函数的最大（小）值.

【例6】 用铁板做成一个体积为 $2m^3$ 的有盖长方体水箱，当长、宽、高各为

多少时，才能使用料最省？

【解】 设水箱长、宽、高分别为 x，y，z，$xyz = V = 2$，

用料 $S = 2(xy + yz + zx) = 2\left(xy + \dfrac{2}{x} + \dfrac{2}{y}\right)$，$x$，$y > 0$

令 $\begin{cases} S'_x = 2\left(y - \dfrac{2}{x^2}\right) = 0, \\ S'_y = 2\left(x - \dfrac{2}{y^2}\right) = 0. \end{cases} \Rightarrow \begin{cases} x = \sqrt[3]{2} \\ y = \sqrt[3]{2} \end{cases}$ 同时 $z = \dfrac{2}{xy} = \sqrt[3]{2}$.

据实际情况可知，长、宽、高均为 $\sqrt[3]{2}$ m 时，用料最省.

2. 约束最优化问题

求目标函数 $z = f(x, y)$ 满足约束条件 $\varphi(x, y) = 0$ 的极值问题，即约束最优化问题，也称条件极值. 下面我们介绍求条件极值的拉格朗日乘数法.

求函数 $z = f(x, y)$ 在约束条件 $\varphi(x, y) = 0$ 下的极值的步骤为：

(1) 构造辅助函数(称为拉格朗日函数)

$$F(x, y, \lambda) = f(x, y) + \lambda \varphi(x, y),$$

其中 λ 为待定常数.

(2) 求解方程组 $\begin{cases} F'_x(x, y, \lambda) = f'_x(x, y) + \lambda \varphi'_x(x, y) = 0 \\ F'_y(x, y, \lambda) = f'_y(x, y) + \lambda \varphi'_y(x, y) = 0, \\ F'_\lambda(x, y, \lambda) = \varphi(x, y) = 0 \end{cases}$

消去 λ，得出所有可能的极值点 (x, y).

(3) 判别求出的点 (x, y) 是否为极值点，通常可以根据问题的实际意义直接判定.

【例 7】 设某工厂生产两种产品 A 和 B，产量分别为 x 和 y(千件)，总利润函数为

$$L(x, y) = 6x - x^2 + 16y - 4y^2 - 2(\text{万元}).$$

已知生产这两种产品，每千件产品均需消耗某种原料 2000 千克，现有该原料 5000 千克，问两种产品生产多少千件时，总利润最大？最大利润是多少？

【解】 约束条件为 $\varphi(x, y) = 2000x + 2000y = 5000$. 即 $x + y = 2.5$，要求 $L(x, y)$ 的最大值，

构造拉格朗日函数 $F(x, y, \lambda) = 6x - x^2 + 16y - 4y^2 - 2 + \lambda(x + y - 2.5)$，

解方程组 $\begin{cases} F'_x = 6 - 2x + \lambda = 0 \\ F'_y = 16 - 8y + \lambda = 0, \\ F'_\lambda = x + y - 2.5 = 0 \end{cases}$ 得唯一驻点 $(x, y) = (1, 1.5)$.

由实际情况知，$(x, y) = (1, 1.5)$ 就是使总利润最大的点，最大利润为 $L(1, 1.5) = 18$（万元）.

习题 A

习题 5.1

1. 求下列函数的偏导数：

(1) $z = xy^3$ (2) $z = e^{xy} + \sin\dfrac{y}{x}$

(3) $z = \dfrac{x^2 + y^2}{xy}$ (4) $z = \sin(xy)$

2. 设 $f(x, y) = x^2y - 2y$. 求 $f'_x(x, y)$，$f'_y(x, y)$，$f'_x(2, 3)$ 及 $f'_x(0, 0)$.

3. 求 $z = x^4 + y^4 - 4x^2y^2$ 的二阶偏导数.

习题 5.2

1. 求下列函数的极值：

(1) $f(x, y) = x^3 + y^3 - 3(x^2 + y^2)$

(2) $f(x, y) = x^3 - 4x^2 + 2xy - y^2$

2. 设长方体长宽高之和为定值 a，试问三边各取什么值时所得长方体体积最大.

3. 某化妆品公司可以通过报纸和电视台做销售化妆品的广告，根据统计资料，销售收入 R（百万元）与报纸广告费用 x（百万元）和电视广告费用 y（百万元）之间有如下经验公式

$$R = 15 + 14x + 32y - 8xy - 2x^2 - 10y^2.$$

(1) 如果不限制广告费用的支出，求最优广告策略.

(2) 如果可提供使用的广告费用为 150 万元，求相应的最优广告策略.

习题 B

习题 5.1

1. 求下列函数的偏导数.

(1) $z = \dfrac{x + y}{x - y}$ (2) $z = x^y$

(3) $z = (1 + 5y)^{7x}$ (4) $z = xe^{y^2}$

(5) $z = \arctan \dfrac{y}{x}$ (6) $z = x^2 \ln(x+y)$

(7) $z = x \cdot \sin(xy)$ (8) $z = \arcsin(x-3y)$

2. 设 $f(x, y) = \sqrt{xy + \dfrac{x}{y}}$，则求 $f'_x(1, 1)$，$f'_y(2, 1)$.

3. 求下列函数的二阶偏导数.

(1) $z = x \cdot \sin(2y)$ (2) $z = \dfrac{x^2}{y}$

(3) $z = \ln(x^2 + 3y)$ (4) $z = e^{xy^2}$

(5) $z = xy^3 + e^x \cos y$ (6) $z = \arcsin(xy)$

4. 设 $f(x, y) = xy^4 + e^{xy}$，求 $z''_{xx}(1, 0)$，$z''_{xy}(1, 1)$.

5. 已知理想气体的状态方程 $PV = RT$（R 为常量），求证：
$$\frac{\partial P}{\partial V} \cdot \frac{\partial V}{\partial T} \cdot \frac{\partial T}{\partial P} = -1$$

6. 证明函数 $z = \ln\sqrt{x^2 + y^2}$ 满足方程
$$\frac{\partial^2 z}{\partial x^2} + \frac{\partial^2 z}{\partial y^2} = 1.$$

习题 5.2

1. 求下列函数的极值.

(1) $f(x, y) = 2(x-y) - x^2 - y^2$

(2) $f(x, y) = e^{2x}(x + y^2 + 2y)$

2. 求函数 $z = x^2 + y^2$ 在条件 $2x + y = 2$ 下的极值.

3. 在直线 $\begin{cases} y + 2 = 0 \\ x + 2z = 7 \end{cases}$ 上找一点，使它到点 $(0, -1, 1)$ 的距离最短，并求最短距离.

4. 设某产量的产量 Q 是劳动力 x 和原料 y 的函数，已知 $Q = 60\sqrt[4]{x^3 y}$，设每单位劳动力花费 100 元，每单位原料花费 200 元，现有 3 万元资金用于生产，问如何安排劳动力和原料可使 Q 最大？

第6章 线性代数

6.1 矩阵的概念及其运算

一、矩阵的概念

【案例1】 某班前5名学生的语、数、外三科的成绩分布表见表6-1.

表6-1

序号	姓名	语文	数学	外语
1	甲	95	97	93
2	乙	96	94	92
3	丙	93	98	90
4	丁	95	92	93
5	戊	90	96	91

【案例2】 三个工厂生产 A、B、C、D 四种产品的年产量见表6-2.

表6-2   单位：万件

产品 工厂	A	B	C	D
甲	20	25	10	30
乙	15	12	30	18
丙	18	12	20	21

上述两表的内容虽然不同，但其数据均由行和列组成，所以可将它们简化为下面的矩形数表

$$\begin{bmatrix} 95 & 97 & 93 \\ 96 & 94 & 92 \\ 93 & 98 & 90 \\ 95 & 92 & 93 \\ 90 & 96 & 91 \end{bmatrix} \text{与} \begin{bmatrix} 20 & 25 & 10 & 30 \\ 15 & 12 & 30 & 18 \\ 18 & 12 & 20 & 21 \end{bmatrix}$$

我们称这样的矩形数表为矩阵.

【定义1】 由 $m \times n$ 个数 $a_{ij}(i=1,2\cdots,m,j=1,2,\cdots,n)$ 排成 m 行 n 列的矩形数表

$$\begin{bmatrix} a_{11} & a_{12} & \cdots & a_{1n} \\ a_{21} & a_{22} & \cdots & a_{2n} \\ \vdots & \vdots & & \vdots \\ a_{m1} & a_{m2} & \cdots & a_{mn} \end{bmatrix}$$

称为 m 行 n 列的矩阵,简称为 $m \times n$ 矩阵,记为 $(a_{ij})_{m \times n}$. 通常用大写黑体字母表示,如 **A**,**B**,**C**,$\cdots$ 或 $\boldsymbol{A}_{m \times n}$,$\boldsymbol{B}_{m \times n}$,$\boldsymbol{C}_{m \times n}$,$\cdots$ 表示矩阵,即 $\boldsymbol{A}=(a_{ij})_{m \times n}$. 其中 m 为矩阵的行数,n 为矩阵的列数,a_{ij} 称为位于第 i 行第 j 列的元素.

例如,案例 2 中关系可表示为

$$\boldsymbol{A}=(a_{ij})_{3 \times 4}=\begin{bmatrix} 20 & 25 & 10 & 30 \\ 15 & 12 & 30 & 18 \\ 18 & 12 & 20 & 21 \end{bmatrix}$$

这是一个 3 行 4 列的矩阵,其中 $a_{12}=25$,$a_{22}=12$,$a_{34}=21$.

以下介绍几种特殊的矩阵.

(1) 当 $m=1$ 时,矩阵只有一行,称为 n 元行矩阵,记为 $\boldsymbol{A}=[a_{11} \quad a_{12} \quad \cdots \quad a_{1n}]$.

(2) 当 $n=1$ 时,矩阵只有一列,称为 m 元列矩阵,记为 $\boldsymbol{A}=\begin{bmatrix} a_{11} \\ a_{21} \\ \vdots \\ a_{m1} \end{bmatrix}$.

(3) 如果矩阵 $\boldsymbol{A}$ 的所有元素都为零,称 $\boldsymbol{A}$ 为零矩阵,记作 $\boldsymbol{O}_{m \times n}$ 或 $\boldsymbol{O}$.

(4) 在矩阵 $\boldsymbol{A}$ 中的所有元素的前面都添加一个负号得到的矩阵,称为 $\boldsymbol{A}$ 的负矩阵,记为 $-\boldsymbol{A}$,即 $-\boldsymbol{A}=(-a_{ij})_{m \times n}$.

(5) 当 $m=n$ 时,矩阵的行数与列数相等,则矩阵 $\boldsymbol{A}$ 称为 n 阶方阵,记作 $\boldsymbol{A}_n$.

(6) 在 n 阶方阵中,从左上角到右下角的对角线称为主对角线,从右上角到左下角的对角线为次对角线. 除主对角线外,其他元素全为零的方阵称为对角矩阵. 主对角线上的元素全为 1 的对角矩阵称为单位矩阵,记作 $\boldsymbol{E}_n$ 或 $\boldsymbol{E}$. 主对角线以下的元素全为零的方阵称为上三角矩阵. 主对角线以上的元素全为零的方阵称为下三角矩阵.

(7) 两个矩阵的行数与列数相等时,称它们为同型矩阵. 如果 $\boldsymbol{A}=(a_{ij})$ 与 $\boldsymbol{B}=$

(b_{ij})同型，且它们的对应元素相等，即 $a_{ij}=b_{ij}(i=1, 2\cdots, m, j=1, 2, \cdots, n)$，则称矩阵 A 与矩阵 B 相等，记作 $A=B$.

二、矩阵的运算

1. 矩阵的加减运算

【定义2】 设矩阵 $A=(a_{ij})_{m\times n}$，$B=(b_{ij})_{m\times n}$ 是两个 $m\times n$ 矩阵，则称 $(a_{ij}\pm b_{ij})_{m\times n}$ 为矩阵 A 与 B 的和（差）矩阵，记为 $A\pm B$，即

$$A\pm B=(a_{ij}\pm b_{ij})_{m\times n}=\begin{bmatrix} a_{11}\pm b_{11} & a_{12}\pm b_{12} & \cdots & a_{1n}\pm b_{1n} \\ a_{21}\pm b_{21} & a_{22}\pm b_{22} & \cdots & a_{2n}\pm b_{2n} \\ \vdots & & & \vdots \\ a_{m1}\pm b_{m1} & a_{m2}\pm b_{m2} & \cdots & a_{mn}\pm b_{mn} \end{bmatrix}$$

注： 只有当两个矩阵是同型矩阵时才能进行加减运算．

不难验证，矩阵的加法运算满足下列运算规律（其中 A，B，C 都是 $m\times n$ 矩阵）：

(1) $A+B=B+A$；

(2) $A+(B+C)=(A+B)+C$；

【案例3】 甲、乙、丙三个工厂，每个工厂都生产Ⅰ、Ⅱ、Ⅲ、Ⅳ四种产品，三个工厂2012年和2013年的年产量见表6-3（单位：台）。

表6-3

年份	工厂\产品	Ⅰ	Ⅱ	Ⅲ	Ⅳ
2012	甲	20	25	23	42
	乙	17	16	65	25
	丙	21	14	32	24
2013	甲	22	28	27	40
	乙	19	18	62	27
	丙	23	18	30	28

那么，每个工厂每种产品两年的总台数各是多少？

【解】 可用矩阵表示为

$$A+B=\begin{bmatrix} 20 & 25 & 23 & 42 \\ 17 & 16 & 65 & 25 \\ 21 & 14 & 32 & 24 \end{bmatrix}+\begin{bmatrix} 22 & 28 & 27 & 40 \\ 19 & 18 & 62 & 27 \\ 23 & 18 & 30 & 28 \end{bmatrix}$$

$$= \begin{bmatrix} 42 & 53 & 50 & 82 \\ 36 & 34 & 127 & 52 \\ 44 & 32 & 62 & 52 \end{bmatrix}$$

即由第一行可知，甲工厂两年生产的四种产品的总台数分别为 42 台，53 台，50 台，82 台．

2. 矩阵的数乘运算

【定义 3】 设矩阵 $A = (a_{ij})_{m \times n}$，$k$ 是任意一个实数，以常数 k 乘矩阵 A 的每一个元素所得到的矩阵 $(ka_{ij})_{m \times n}$ 称为数 k 与矩阵 A 的数乘矩阵，记作 kA．即

$$kA = (ka_{ij})_{m \times n} = \begin{bmatrix} ka_{11} & ka_{12} & \cdots & ka_{1n} \\ ka_{21} & ka_{22} & \cdots & ka_{2n} \\ \vdots & & & \vdots \\ ka_{m1} & ka_{m2} & \cdots & ka_{mn} \end{bmatrix}.$$

【案例 4】 若表 6-3 中，甲、乙、丙三个工厂生产的四种产品在 2012 年的成本均为 5(万元)，则甲、乙、丙三个工厂 2012 年花费在每种产品上的成本为：

$$5A = 5 \begin{bmatrix} 20 & 25 & 23 & 42 \\ 17 & 16 & 65 & 25 \\ 21 & 14 & 32 & 24 \end{bmatrix} = \begin{bmatrix} 100 & 125 & 115 & 210 \\ 85 & 80 & 325 & 125 \\ 105 & 70 & 160 & 120 \end{bmatrix}.$$

不难验证，矩阵的数乘运算满足下列运算规律(其中 A，B 都是 $m \times n$ 矩阵，k，$l \in R$)：

(1) $k(A + B) = kA + kB$；
(2) $(k + l)A = kA + lA$；
(3) $k(lA) = (kl)A$．

【例 1】 设矩阵

$$A = \begin{bmatrix} 2 & 3 \\ 0 & 5 \end{bmatrix}, \quad B = \begin{bmatrix} 4 & 7 \\ 2 & 9 \end{bmatrix}.$$

(1) 计算 $3A - 2B$；
(2) 如果 $3A - 2X = B$，求 X．

【解】 (1) $3A - 2B = 3\begin{bmatrix} 2 & 3 \\ 0 & 5 \end{bmatrix} - 2\begin{bmatrix} 4 & 7 \\ 2 & 9 \end{bmatrix} = \begin{bmatrix} 6 & 9 \\ 0 & 15 \end{bmatrix} - \begin{bmatrix} 8 & 14 \\ 4 & 18 \end{bmatrix} = \begin{bmatrix} -2 & -5 \\ -4 & -3 \end{bmatrix}.$

(2) $X = \dfrac{1}{2}(3A - B) = \dfrac{1}{2}\left[3\begin{bmatrix} 2 & 3 \\ 0 & 5 \end{bmatrix} - \begin{bmatrix} 4 & 7 \\ 2 & 9 \end{bmatrix}\right] = \dfrac{1}{2}\left[\begin{bmatrix} 6 & 9 \\ 0 & 15 \end{bmatrix} - \begin{bmatrix} 4 & 7 \\ 2 & 9 \end{bmatrix}\right]$

$= \dfrac{1}{2}\begin{bmatrix} 2 & 2 \\ -2 & 6 \end{bmatrix} = \begin{bmatrix} 1 & 1 \\ -1 & 3 \end{bmatrix}.$

3. 矩阵的乘法运算

【案例 5】 设甲、乙两家公司生产 Ⅰ、Ⅱ 两种型号的手机，其月产量如表 6-4，

应用数学

手机的单位售价和单位利润见表 6-5.

表 6-4　　　　　　　　　　生产情况统计表　　　　　　　　　（单位：部）

公司 \ 型号	Ⅰ	Ⅱ
甲	150	200
乙	210	160

表 6-5　　　　　　　　　　单价和单位利润　　　　　　　　　（单位：元）

型号 \ 价格	单价	单位利润
Ⅰ	800	100
Ⅱ	1000	150

由上述两表，容易计算得到表 6-6.

表 6-6　　　　　　　　　两个公司月收入和利润表　　　　　　　（单位：元）

	总收入	总利润
甲公司	150×800+200×1000	150×100+200×150
乙公司	210×800+160×1000	210×100+160×150

上述问题可用矩阵表示：

$$A = \begin{bmatrix} 150 & 200 \\ 210 & 160 \end{bmatrix}, \quad B = \begin{bmatrix} 800 & 100 \\ 1000 & 150 \end{bmatrix}$$

$$C = \begin{bmatrix} 150\times800+200\times1000 & 150\times100+200\times150 \\ 210\times800+160\times1000 & 210\times100+160\times150 \end{bmatrix} = \begin{bmatrix} 320000 & 450000 \\ 328000 & 45000 \end{bmatrix}$$

可见，C 的元素 $c_{ij}(i, j=1, 2)$ 正是矩阵 A 的第 i 行元素与矩阵 B 的第 j 列对应元素乘积之和．由此得出矩阵乘积的运算．

【定义 4】 设矩阵 $A = (a_{ij})_{m\times n}$ 与 $B = (b_{ij})_{n\times s}$，则称矩阵 $C = (c_{ij})_{m\times s}$ 是矩阵 A 与矩阵 B 的乘积矩阵，记为 AB．其中

$$c_{ij} = a_{i1}b_{1j} + a_{i2}b_{2j} + \cdots + a_{in}b_{nj} \quad (i=1, 2, \cdots, m; j=1, 2, \cdots, s)$$

注：（1）只有当左边矩阵 A 的列数等于右边矩阵 B 的行数时，两个矩阵才能相乘；

（2）乘积矩阵 AB 的行数等于矩阵 A 的行数，列数等于矩阵 B 的列数；

(3)乘积矩阵 AB 的第 i 行第 j 列的元素等于 A 的第 i 行与 B 的第 j 列对应元素乘积之和.

【例2】 设矩阵 $A = \begin{bmatrix} 1 & 0 & 3 \\ 2 & 1 & 0 \end{bmatrix}$, $B = \begin{bmatrix} 4 & 1 \\ -1 & 1 \\ 2 & 0 \end{bmatrix}$, 求 AB 和 BA.

【解】 $AB = \begin{bmatrix} 1 & 0 & 3 \\ 2 & 1 & 0 \end{bmatrix} \begin{bmatrix} 4 & 1 \\ -1 & 1 \\ 2 & 0 \end{bmatrix}$

$= \begin{bmatrix} 1\times 4+0\times(-1)+3\times 2 & 1\times 1+0\times 1+3\times 0 \\ 2\times 4+1\times(-1)+0\times 2 & 2\times 1+1\times 1+0\times 0 \end{bmatrix}$

$= \begin{bmatrix} 10 & 1 \\ 7 & 3 \end{bmatrix}.$

$BA = \begin{bmatrix} 4 & 1 \\ -1 & 1 \\ 2 & 0 \end{bmatrix} \begin{bmatrix} 1 & 0 & 3 \\ 2 & 1 & 0 \end{bmatrix} = \begin{bmatrix} 6 & 1 & 12 \\ 1 & 1 & -3 \\ 2 & 0 & 6 \end{bmatrix}.$

【例3】 设 $A = \begin{bmatrix} 1 & 1 \\ 1 & 1 \end{bmatrix}$, $B = \begin{bmatrix} -2 & 1 \\ 2 & -1 \end{bmatrix}$, $C = \begin{bmatrix} 2 & 3 \\ 1 & -3 \end{bmatrix}$, $D = \begin{bmatrix} 2 & 5 \\ 1 & -5 \end{bmatrix}$, 求 AB, BA, AC, AD.

【解】 $AB = \begin{bmatrix} 1 & 1 \\ 1 & 1 \end{bmatrix} \begin{bmatrix} -2 & 1 \\ 2 & -1 \end{bmatrix} = \begin{bmatrix} 0 & 0 \\ 0 & 0 \end{bmatrix};$

$BA = \begin{bmatrix} -2 & 1 \\ 2 & -1 \end{bmatrix} \begin{bmatrix} 1 & 1 \\ 1 & 1 \end{bmatrix} = \begin{bmatrix} -1 & -1 \\ 1 & 1 \end{bmatrix};$

$AC = \begin{bmatrix} 1 & 1 \\ 1 & 1 \end{bmatrix} \begin{bmatrix} 2 & 3 \\ 1 & -3 \end{bmatrix} = \begin{bmatrix} 3 & 0 \\ 3 & 0 \end{bmatrix};$

$AD = \begin{bmatrix} 1 & 1 \\ 1 & 1 \end{bmatrix} \begin{bmatrix} 2 & 5 \\ 1 & -5 \end{bmatrix} = \begin{bmatrix} 3 & 0 \\ 3 & 0 \end{bmatrix}.$

由上述两个例子可知：

(1)矩阵的乘法一般不满足交换律；

(2)两个非零矩阵的乘积可能是零矩阵；

(3)矩阵乘法不满足消去律.即当乘积矩阵 $AB = AC$ 且 $A \neq O$ 时，不能消去矩阵 A，得到 $B = C$.

不难验证，矩阵乘法满足下列运算规律：

(1) $(AB)C = A(BC)$；

(2) $A(B+C) = AB+AC$，
　　$(A+B)C = AC+BC$；

(3) $(kA)B = A(kB) = k(AB)$.

【定义5】 将 $m \times n$ 型矩阵 $A = (a_{ij})_{m \times n}$ 的行与列互换得到的 $n \times m$ 型矩阵，称为矩阵 A 的转置矩阵，记为 A^T.

例如 $A = \begin{bmatrix} 1 & 2 & 4 \\ 5 & 7 & 6 \end{bmatrix}$，则其转置矩阵 $A^T = \begin{bmatrix} 1 & 5 \\ 2 & 7 \\ 4 & 6 \end{bmatrix}$.

不难验证，转置矩阵具有下列性质：
(1) $(A^T)^T = A$；
(2) $(A+B)^T = A^T + B^T$；
(3) $(kA)^T = k A^T$；
(4) $(AB)^T = B^T A^T$.

【例4】 设矩阵 $A = \begin{bmatrix} 1 & 2 & 4 \\ 7 & 3 & 5 \end{bmatrix}$，$B = \begin{bmatrix} 1 & 0 \\ 2 & 3 \\ 6 & 2 \end{bmatrix}$，求 $(AB)^T$.

【解法一】 由于 $AB = \begin{bmatrix} 1 & 2 & 4 \\ 7 & 3 & 5 \end{bmatrix} \begin{bmatrix} 1 & 0 \\ 2 & 3 \\ 6 & 2 \end{bmatrix} = \begin{bmatrix} 29 & 14 \\ 43 & 19 \end{bmatrix}$

所以 $(AB)^T = \begin{bmatrix} 29 & 43 \\ 14 & 19 \end{bmatrix}$.

【解法二】 $(AB)^T = B^T A^T = \begin{bmatrix} 1 & 2 & 6 \\ 0 & 3 & 2 \end{bmatrix} \cdot \begin{bmatrix} 1 & 7 \\ 2 & 3 \\ 4 & 5 \end{bmatrix} = \begin{bmatrix} 29 & 43 \\ 14 & 19 \end{bmatrix}$.

6.2 方阵的行列式

一、n 阶行列式的定义

【定义6】 由 $n \times n$ 个数排列成 n 行 n 列，并在左、右两边各加一条竖线组成的式子

$$D_n = \begin{vmatrix} a_{11} & a_{12} & \cdots & a_{1n} \\ a_{21} & a_{22} & \cdots & a_{2n} \\ \vdots & & & \vdots \\ a_{n1} & a_{n2} & \cdots & a_{nn} \end{vmatrix}$$

称为 n 阶行列式，其中 a_{ij} 称为 D_n 的第 i 行第 j 列的元素（$i, j = 1, 2, \cdots, n$）. 它代表一个由确定的运算关系所得到的数或式.

(1) 当 $n=1$ 时，$D_1 = |a_{11}| = a_{11}$.

(2)当 $n=2$ 时，$D_2 = \begin{vmatrix} a_{11} & a_{12} \\ a_{21} & a_{22} \end{vmatrix} = a_{11}a_{22} - a_{12}a_{21}$.

(3)当 $n>2$ 时，

$$D = a_{11}A_{11} + a_{12}A_{12} + \cdots + a_{1n}A_{1n} = \sum_{j=1}^{n} a_{1j}A_{1j}.$$

其中 a_{1j} 为第一行第 j 列的元素，$A_{1j} = (-1)^{1+j}M_{1j}$ 称为 a_{1j} 的代数余子式；M_{1j} 为由 D_n 划去第一行和第 j 列的元素后余下元素构成的 $n-1$ 阶行列式，称为 a_{1j} 的余子式.

例如四阶行列式 $D_4 = \begin{vmatrix} 1 & 2 & 3 & 4 \\ 7 & 6 & 2 & 5 \\ 0 & 1 & -2 & 5 \\ 7 & 6 & 2 & 1 \end{vmatrix}$ 中元素 a_{23} 的余子式 M_{23} 和代数余子式 A_{23}

分别为

$$M_{23} = \begin{vmatrix} 1 & 2 & 4 \\ 0 & 1 & 5 \\ 7 & 6 & 1 \end{vmatrix}, \quad A_{23} = (-1)^{2+3}M_{23} = -\begin{vmatrix} 1 & 2 & 4 \\ 0 & 1 & 5 \\ 7 & 6 & 1 \end{vmatrix}.$$

上述 n 阶行列式的定义亦简称为 n 阶行列式按第一行的展开式.

【**例 5**】 计算三阶行列式

$$D_3 = \begin{vmatrix} 1 & 2 & 4 \\ 3 & 0 & 5 \\ 2 & 1 & 3 \end{vmatrix}.$$

【**解**】 行列式按第一行展开

$$D_3 = 1 \times (-1)^{1+1}\begin{vmatrix} 0 & 5 \\ 1 & 3 \end{vmatrix} + 2 \times (-1)^{1+2}\begin{vmatrix} 3 & 5 \\ 2 & 3 \end{vmatrix} + 4 \times (-1)^{1+3}\begin{vmatrix} 3 & 0 \\ 2 & 1 \end{vmatrix} = 9.$$

二、行列式的性质

由行列式的定义计算行列式的值是比较麻烦的，为了简化行列式的计算，现介绍行列式的性质.

【**定义7**】 将行列式 D 的行与相应的列按原顺序互换后得到的新行列式，称为 D 的转置行列式，记为 D^T.

例如 $D = \begin{vmatrix} 1 & 2 & 3 \\ 4 & 2 & 5 \\ 7 & 2 & 6 \end{vmatrix}$，则 $D^T = \begin{vmatrix} 1 & 4 & 7 \\ 2 & 2 & 2 \\ 3 & 5 & 6 \end{vmatrix}$.

【**性质1**】 行列式 D 与它的转置行列式 D^T 的值相等，即 $D = D^T$.

这个性质说明，对于行列式来说，行与列无本质的区别，凡是对行成立的性质，对列也成立.

【**性质2**】 互换行列式的其中两行(或列)位置，行列式值改变符号.

【性质 3】 如果行列式其中有两行(或列)完全相同,那么行列式的值为零.

【性质 4】 n 阶行列式等于它的任意一行(或列)的各元素与其对应代数余子式的乘积之和,即

$$D = a_{i1}A_{i1} + a_{i2}A_{i2} + \cdots + a_{in}A_{in} = \sum_{k=1}^{n} a_{ik}A_{ik} (i = 1, 2, 3\cdots, n).$$

【例 6】 计算下列行列式

$$D_4 = \begin{vmatrix} 1 & 2 & 3 & 4 \\ 2 & 2 & 4 & 6 \\ 0 & 0 & 1 & 0 \\ 9 & -7 & 8 & -3 \end{vmatrix}.$$

【解】 由于第三行零元素最多,故由性质 4 将行列式按第三行展开.

$$D_4 = 1 \cdot (-1)^{3+3} \begin{vmatrix} 1 & 2 & 4 \\ 2 & 2 & 6 \\ 9 & -7 & -3 \end{vmatrix}$$

$$= 1\times(-1)^{1+1}\begin{vmatrix} 2 & 6 \\ -7 & -3 \end{vmatrix} + 2\times(-1)^{1+2}\begin{vmatrix} 2 & 6 \\ 9 & -3 \end{vmatrix} + 4\times(-1)^{1+3}\begin{vmatrix} 2 & 2 \\ 9 & -7 \end{vmatrix} = 28.$$

【性质 5】 行列式某一行(或列)的公因子可以提到行列式符号的外面.

【推论 1】 如果行列式中有一行(或列)的元素全为零,那么此行列式的值为零.

【推论 2】 如果行列式其中有两行(或列)元素对应成比例,那么行列式等于零.

【性质 6】 如果行列式某一行(或列)的所有元素都是两数之和,则这个行列式等于两个行列式之和,而且这两个行列式除了这一行(或列)外,其余的元素与原来的行列式的对应元素相同.

【例 7】 计算行列式 $\begin{vmatrix} 1 & 2 & 3 \\ 99 & 201 & 298 \\ 4 & 5 & 9 \end{vmatrix}$.

【解】
$$\begin{vmatrix} 1 & 2 & 3 \\ 99 & 201 & 298 \\ 4 & 5 & 9 \end{vmatrix} = \begin{vmatrix} 1 & 2 & 3 \\ 100-1 & 200+1 & 300-2 \\ 4 & 5 & 9 \end{vmatrix}$$

$$= \begin{vmatrix} 1 & 2 & 3 \\ 100 & 200 & 300 \\ 4 & 5 & 9 \end{vmatrix} + \begin{vmatrix} 1 & 2 & 3 \\ -1 & 1 & -2 \\ 4 & 5 & 9 \end{vmatrix}$$

$$= 0 + 1 \cdot (-1)^{1+1}\begin{vmatrix} 1 & -2 \\ 5 & 9 \end{vmatrix} + 2 \cdot (-1)^{1+2}\begin{vmatrix} -1 & -2 \\ 4 & 9 \end{vmatrix} + 3 \cdot (-1)^{1+3}\begin{vmatrix} -1 & 1 \\ 4 & 5 \end{vmatrix}$$

$$= -6.$$

【性质 7】 用常数 k 遍乘一行(或列)的各个素,然后加到另一行(或列)对应的元素上,则行列式的值不变.

为了便于书写，在行列式计算过程中约定采用下列标记法：

(1) 用 r 代表行，c 代表列.

(2) 第 i 行和第 j 行互换，记为 $r_i \leftrightarrow r_j$，
    第 i 列和第 j 列互换，记为 $c_i \leftrightarrow c_j$.

(3) 把第 j 行(或第 j 列)的元素同乘以数 k，加到第 i 行(或第 i 列)对应的元素上去，记为 $kr_j + r_i$(或 $kc_j + c_i$).

(4) 行列式的第 i 行(或第 i 列)中所有元素都乘以 k，记为 kr_i(或 kc_i).

【例8】 计算行列式 $D = \begin{vmatrix} -1 & 2 & 1 & 3 \\ 2 & 1 & 0 & 3 \\ 2 & -2 & -1 & -2 \\ 3 & -1 & 2 & 1 \end{vmatrix}$.

【解】 $D = \begin{vmatrix} -1 & 2 & 1 & 3 \\ 2 & 1 & 0 & 3 \\ 2 & -2 & -1 & -2 \\ 3 & -1 & 2 & 1 \end{vmatrix} \xrightarrow[\substack{2r_1+r_2 \\ 2r_1+r_3 \\ 3r_1+r_4}]{} \begin{vmatrix} -1 & 2 & 1 & 3 \\ 0 & 5 & 2 & 9 \\ 0 & 2 & 1 & 4 \\ 0 & 5 & 5 & 10 \end{vmatrix}$

$\xrightarrow{\text{按第一列展开}} -1 \cdot (-1)^{1+1} \begin{vmatrix} 5 & 2 & 9 \\ 2 & 1 & 4 \\ 5 & 5 & 10 \end{vmatrix}$

$\xrightarrow[-2c_1+c_3]{-c_1+c_2} - \begin{vmatrix} 5 & -3 & -1 \\ 2 & -1 & 0 \\ 5 & 0 & 0 \end{vmatrix} \xrightarrow{\text{按第三行展开}} -5 \cdot (-1)^{3+1} \begin{vmatrix} -3 & -1 \\ -1 & 0 \end{vmatrix} = 5.$

三、方阵的行列式

设 A、B 为 n 阶方阵，λ 为实数，则方阵的行列式满足下列运算规律：

(1) $|A^T| = |A|$；

(2) $|\lambda A| = \lambda^n |A|$；

(3) $|AB| = |A||B|$.

【例9】 设矩阵 $A = \begin{bmatrix} 3 & -2 \\ 2 & 1 \end{bmatrix}$，$B = \begin{bmatrix} 1 & 3 \\ 5 & 4 \end{bmatrix}$，求 $|AB|$.

【解法一】 因为 $AB = \begin{bmatrix} 3 & -2 \\ 2 & 1 \end{bmatrix} \begin{bmatrix} 1 & 3 \\ 5 & 4 \end{bmatrix} = \begin{bmatrix} -7 & 1 \\ 7 & 10 \end{bmatrix}$.

所以 $|AB| = \begin{vmatrix} -7 & 1 \\ 7 & 10 \end{vmatrix} = -77.$

【解法二】 因为 $|A| = \begin{vmatrix} 3 & -2 \\ 2 & 1 \end{vmatrix} = 7$，$|B| = \begin{vmatrix} 1 & 3 \\ 5 & 4 \end{vmatrix} = -11$，

所以 $|AB|=|A||B|=-77.$

6.3 逆矩阵与初等变换

一、逆矩阵的概念

【定义8】 对于 n 阶矩阵 A，如果有矩阵 B，使得 $AB=BA=E$，则称矩阵 A 是可逆的，并称矩阵 B 为 A 的逆矩阵。A 的逆矩阵记作 A^{-1}，则 $B=A^{-1}$.

例如矩阵 $A=\begin{bmatrix}1&2\\3&7\end{bmatrix}$，$B=\begin{bmatrix}7&-2\\-3&1\end{bmatrix}$，由于 $AB=\begin{bmatrix}1&0\\0&1\end{bmatrix}$，$BA=\begin{bmatrix}1&0\\0&1\end{bmatrix}$，所以 $AB=BA=E$，则 A 可逆，$A^{-1}=B=\begin{bmatrix}7&-2\\-3&1\end{bmatrix}$.

显然 B 也是可逆的，且 $B^{-1}=A$，故若对 n 阶方阵 A、B 有 $AB=BA=E$，则 A、B 互为可逆矩阵。

【定理1】 若矩阵 A 是可逆的，则 A 的逆矩阵是唯一的。

二、逆矩阵的判别与求法

设 n 阶方阵

$$A=\begin{bmatrix}a_{11}&a_{12}&\cdots&a_{1n}\\a_{21}&a_{22}&\cdots&a_{2n}\\\vdots&\vdots&&\vdots\\a_{n1}&a_{n2}&\cdots&a_{nn}\end{bmatrix}.$$

方阵 A 中元素 a_{ij} 的代数余子式 $A_{ij}(i=1,2,\cdots n;j=1,2,\cdots,n)$ 按转置方式排列成的 n 阶方阵为 A 的伴随矩阵。记作

$$A^*=\begin{bmatrix}A_{11}&A_{12}&\cdots&A_{n1}\\A_{21}&A_{22}&\cdots&A_{n2}\\\vdots&\vdots&&\vdots\\A_{1n}&A_{2n}&\cdots&A_{nn}\end{bmatrix}.$$

【定理2】 n 阶方阵 A 可逆的充分必要条件是 $|A|\neq 0$，并且当 A 可逆时，A 的逆矩阵可表示为

$$A^{-1}=\frac{1}{|A|}A^* \quad (A^* 为 A 的伴随矩阵).$$

【例10】 设 $A=\begin{bmatrix}0&1&2\\1&1&4\\2&-1&0\end{bmatrix}$，求 A^{-1}.

【解】 $|A| = \begin{vmatrix} 0 & 1 & 2 \\ 1 & 1 & 4 \\ 2 & -1 & 0 \end{vmatrix} \xrightarrow{-2r_2+r_3} \begin{vmatrix} 0 & 1 & 2 \\ 1 & 1 & 4 \\ 0 & -3 & -8 \end{vmatrix}$

$\xrightarrow{\text{按第一列展开}} 1 \cdot (-1)^{2+1} \begin{vmatrix} 1 & 2 \\ -3 & -8 \end{vmatrix}$

$= 2 \neq 0.$

故 A 可逆, 则 $A^{-1} = \dfrac{1}{|A|} A^*$.

又 $A_{11}=4, \quad A_{12}=8, \quad A_{13}=-3,$
$A_{21}=-2, \quad A_{22}=-4, \quad A_{23}=2,$
$A_{31}=2, \quad A_{32}=2, \quad A_{33}=-1,$

则 $A^* = \begin{bmatrix} 4 & -2 & 2 \\ 8 & -4 & 2 \\ -3 & 2 & -1 \end{bmatrix}.$

所以 $A^{-1} = \dfrac{1}{2}\begin{bmatrix} 4 & -2 & 2 \\ 8 & -4 & 2 \\ -3 & 2 & -1 \end{bmatrix} = \begin{bmatrix} 2 & -1 & 1 \\ 4 & -2 & 1 \\ -\dfrac{3}{2} & 1 & -\dfrac{1}{2} \end{bmatrix}.$

三、矩阵的初等变换

1. 初等变换的概念

【定义9】 矩阵的初等行(或列)变换是指对矩阵进行下列三种变换：

(1)对换矩阵两行(或列)的位置；

(2)用一个非零的数 k 遍乘矩阵的某一行(或列)元素；

(3)将矩阵某一行(或列)的 k 倍加到另一行(或列)上.

2. 矩阵初等变换的应用

(1)阶梯形矩阵与行简化阶梯形矩阵.

【定义10】 如果矩阵 A 满足下列条件：

①矩阵的零行(如果存在的话)在矩阵最下方；

②非零行的首非零元素其列标随着行标递增而严格增大，则称该矩阵 A 为阶梯形矩阵，简称阶梯矩阵.

【定义11】 首非零元素等于1，而且首非零元素1所在列的其他元素全为零的阶梯矩阵称为行简化阶梯形矩阵，简称行简化阶梯矩阵.

例如 $\begin{bmatrix} 1 & 2 & 4 & 7 \\ 0 & 0 & 6 & 5 \\ 0 & 7 & 4 & 3 \end{bmatrix}$ 不是阶梯矩阵，$\begin{bmatrix} 1 & 2 & 4 & 7 \\ 0 & 7 & 4 & 3 \\ 0 & 0 & 6 & 5 \end{bmatrix}$ 为阶梯矩阵，$\begin{bmatrix} 1 & 0 & 0 & 2 \\ 0 & 1 & 0 & 3 \\ 0 & 0 & 1 & 5 \end{bmatrix}$ 为行

简化阶梯矩阵.

利用矩阵的初等行变换可将任一矩阵化为阶梯矩阵,并进一步可化为行简化阶梯矩阵.

【例11】 将矩阵 $A = \begin{bmatrix} 1 & 1 & -1 & 2 \\ -1 & 1 & 3 & 0 \\ 1 & 5 & -1 & 4 \end{bmatrix}$ 化为行简化阶梯矩阵.

【解】 $A = \begin{bmatrix} 1 & 1 & -1 & 2 \\ -1 & 1 & 3 & 0 \\ 1 & 5 & -1 & 4 \end{bmatrix} \xrightarrow[-r_1+r_3]{r_1+r_2} \begin{bmatrix} 1 & 1 & -1 & 2 \\ 0 & 2 & 2 & 2 \\ 0 & 4 & 0 & 2 \end{bmatrix} \xrightarrow[0.5r_2]{-2r_2+r_3} \begin{bmatrix} 1 & 1 & -1 & 2 \\ 0 & 1 & 1 & 1 \\ 0 & 0 & -4 & -2 \end{bmatrix}$

$\xrightarrow[-0.25r_3]{-r_2+r_1} \begin{bmatrix} 1 & 0 & -2 & 1 \\ 0 & 1 & 1 & 1 \\ 0 & 0 & 1 & 0.5 \end{bmatrix} \xrightarrow[-r_3+r_2]{2r_3+r_1} \begin{bmatrix} 1 & 0 & 0 & 2 \\ 0 & 1 & 0 & 0.5 \\ 0 & 0 & 1 & 0.5 \end{bmatrix}$.

(2)矩阵的秩.

【定义12】 经过有限次的初等行变换将矩阵 A 化为阶梯形矩阵后,该阶梯形矩阵中非零行的行数称为矩阵 A 的秩,记为 $R(A)$.

例如上题中矩阵 A 化为阶梯矩阵后,其非零行的行数为3,则秩为3,即 $R(A) = 3$.

【例12】 求矩阵 $A = \begin{bmatrix} 1 & 2 & 4 & 3 \\ 2 & 1 & 5 & 2 \\ 3 & 3 & 9 & 5 \end{bmatrix}$ 的秩.

【解】 $A = \begin{bmatrix} 1 & 2 & 4 & 3 \\ 2 & 1 & 5 & 2 \\ 3 & 3 & 9 & 5 \end{bmatrix} \xrightarrow[-3r_1+r_3]{-2r_1+r_2} \begin{bmatrix} 1 & 2 & 4 & 3 \\ 0 & -3 & -3 & -4 \\ 0 & -3 & -3 & -4 \end{bmatrix}$

$\xrightarrow{-r_2+r_3} \begin{bmatrix} 1 & 2 & 4 & 3 \\ 0 & -3 & -3 & -4 \\ 0 & 0 & 0 & 0 \end{bmatrix}$.

故 $R(A) = 2$.

(3)用初等行变换求方阵的逆矩阵.

可以证明:由方阵 A 作矩阵 $[A \vdots E]$,用矩阵的初等行变换将 $[A \vdots E]$ 化为 $[E \vdots C]$,C 即为 A 的逆矩阵 A^{-1}.

【例13】 用初等变换求

$$A = \begin{bmatrix} 1 & 0 & 2 \\ 0 & 1 & -1 \\ 2 & -1 & -1 \end{bmatrix}$$

的逆矩阵.

【解】 $[A \vdots E] = \begin{bmatrix} 1 & 0 & 2 & \vdots & 1 & 0 & 0 \\ 0 & 1 & -1 & \vdots & 0 & 1 & 0 \\ 2 & -1 & -1 & \vdots & 0 & 0 & 1 \end{bmatrix} \xrightarrow{-2r_1+r_3} \begin{bmatrix} 1 & 0 & 2 & \vdots & 1 & 0 & 0 \\ 0 & 1 & -1 & \vdots & 0 & 1 & 0 \\ 0 & -1 & -5 & \vdots & -2 & 0 & 1 \end{bmatrix}$

$\xrightarrow{r_2+r_3} \begin{bmatrix} 1 & 0 & 2 & \vdots & 1 & 0 & 0 \\ 0 & 1 & -1 & \vdots & 0 & 1 & 0 \\ 0 & 0 & -6 & \vdots & -2 & 1 & 1 \end{bmatrix} \xrightarrow{\frac{1}{-6}r_3} \begin{bmatrix} 1 & 0 & 2 & 1 & \vdots & 0 & 0 \\ 0 & 1 & -1 & 0 & \vdots & 1 & 0 \\ 0 & 0 & 1 & \frac{1}{3} & \vdots & -\frac{1}{6} & -\frac{1}{6} \end{bmatrix}$

$\xrightarrow[-2r_3+r_1]{r_3+r_2} \begin{bmatrix} 1 & 0 & 0 & \vdots & \frac{1}{3} & \frac{1}{3} & \frac{1}{3} \\ 0 & 1 & 0 & \vdots & \frac{1}{3} & \frac{5}{6} & -\frac{1}{6} \\ 0 & 0 & 1 & \vdots & \frac{1}{3} & -\frac{1}{6} & -\frac{1}{6} \end{bmatrix}.$

所以 $A^{-1} = \begin{bmatrix} \frac{1}{3} & \frac{1}{3} & \frac{1}{3} \\ \frac{1}{3} & \frac{5}{6} & -\frac{1}{6} \\ \frac{1}{3} & -\frac{1}{6} & -\frac{1}{6} \end{bmatrix}.$

6.4 解线性方程组

一、n 元线性方程组

线性方程组的一般形式

$$\begin{cases} a_{11}x_1+a_{12}x_2+\cdots+a_{1n}x_n=b_1 \\ a_{21}x_1+a_{22}x_2+\cdots+a_{2n}x_n=b_2 \\ \cdots\cdots\cdots\cdots\cdots\cdots\cdots \\ a_{m1}x_1+a_{m2}x_2+\cdots+a_{mn}x_n=b_m \end{cases} \quad (1)$$

其中 $a_{ij}(i=1,2\cdots,m,j=1,2,\cdots,n)$ 为系数,$b_i(i=1,2,\cdots,m)$ 为常数,$x_j(j=1,2,\cdots,n)$ 为未知数. 当线性方程组(1)中的常数项 $b_i(i=1,2,\cdots,m)$ 不全为零时,称线性方程组(1)为非齐次线性方程组;当常数项 $b_i(i=1,2,\cdots,m)$ 全为零时,即

$$\begin{cases} a_{11}x_1+a_{12}x_2+\cdots+a_{1n}x_n=0 \\ a_{21}x_1+a_{22}x_2+\cdots+a_{2n}x_n=0 \\ \cdots\cdots\cdots\cdots\cdots\cdots\cdots \\ a_{m1}x_1+a_{m2}x_2+\cdots+a_{mn}x_n=0 \end{cases} \quad (2)$$

称线性方程组(1)为齐次线性方程组.

线性方程组(1)还可以表示成矩阵形式:
$$AX = B$$

其中 $A = \begin{bmatrix} a_{11} & a_{12} & \cdots & a_{1n} \\ a_{21} & a_{22} & \cdots & a_{2n} \\ \vdots & \vdots & & \vdots \\ a_{m1} & a_{m2} & \cdots & a_{mn} \end{bmatrix}$ 称为方程组的系数矩阵, $B = \begin{bmatrix} b_1 \\ b_2 \\ \vdots \\ b_m \end{bmatrix}$ 称为方程组的常数项矩阵, $X = \begin{bmatrix} x_1 \\ x_2 \\ \vdots \\ x_n \end{bmatrix}$ 称为方程组的未知数矩阵.

另外, 由系数和常数项组成的矩阵 $[A \vdots B] = \begin{bmatrix} a_{11} & a_{12} & \cdots & a_{1n} & b_1 \\ a_{21} & a_{22} & \cdots & a_{2n} & b_2 \\ \vdots & \vdots & & \vdots & \vdots \\ a_{m1} & a_{m2} & \cdots & a_{mn} & b_m \end{bmatrix}$ 称为增广矩阵 $\overline{A}$. 增广矩阵包含了线性方程组(1)的全部信息, 因此线性方程组的求解可以从增广矩阵入手.

二、高斯消元法

对线性方程组的求解, 实际上是对线性方程组做加减消元的过程. 而这一过程等价于对其增广矩阵做初等行变换, 最终将增广矩阵化为阶梯矩阵的过程. 因此, 用消元法解一般线性方程组, 只需写出增广矩阵, 对其实施初等行变换, 使其化为阶梯矩阵, 最后还原为线性方程组, 从而写出线性方程组的解. 这种解线性方程组的方法称为高斯消元法, 简称消元法.

【例14】 解线性方程组
$$\begin{cases} 2x_1 - x_2 + 3x_3 = 1 \\ 4x_1 + 2x_2 + 5x_3 = 4 \\ 2x_1 + 2x_3 = 6 \end{cases}$$

【解】 对方程的增广矩阵进行初等行变换, 化为行简化阶梯矩阵.

$$\overline{A} = [A \vdots B] = \begin{bmatrix} 2 & -1 & 3 & \vdots & 1 \\ 4 & 2 & 5 & \vdots & 4 \\ 2 & 0 & 2 & \vdots & 6 \end{bmatrix} \xrightarrow[-r_1+r_3]{-2r_1+r_2} \begin{bmatrix} 2 & -1 & 3 & \vdots & 1 \\ 0 & 4 & -1 & \vdots & 2 \\ 0 & 1 & -1 & \vdots & 5 \end{bmatrix}$$

$$\xrightarrow[r_2 \leftrightarrow r_3]{-4r_3+r_2} \begin{bmatrix} 2 & -1 & 3 & \vdots & 1 \\ 0 & 1 & -1 & \vdots & 5 \\ 0 & 0 & 3 & \vdots & -18 \end{bmatrix} \xrightarrow[(1/3)r_3]{r_2+r_1} \begin{bmatrix} 2 & 0 & 2 & \vdots & 6 \\ 0 & 1 & -1 & \vdots & 5 \\ 0 & 0 & 1 & \vdots & -6 \end{bmatrix}$$

$$\xrightarrow[r_3+r_2]{\substack{(1/2)r_1\\-r_3+r_1}} \begin{bmatrix} 1 & 0 & 0 & \vdots & 9 \\ 0 & 1 & 0 & \vdots & -1 \\ 0 & 0 & 1 & \vdots & -6 \end{bmatrix}.$$

行简化阶梯矩阵所对应的方程组为

$$\begin{cases} x_1 = 9 \\ x_2 = -1 \\ x_3 = -6 \end{cases}.$$

【例15】 解线性方程组

$$\begin{cases} 2x_1-x_2+3x_3=1 \\ 4x_1-2x_2+5x_3=4 \\ 2x_1-x_2+4x_3=-1 \end{cases}$$

【解】 $\overline{A}=[A \vdots B]=\begin{bmatrix} 2 & -1 & 3 & \vdots & 1 \\ 4 & -2 & 5 & \vdots & 4 \\ 2 & -1 & 4 & \vdots & -1 \end{bmatrix} \xrightarrow[-r_1+r_3]{-2r_1+r_2} \begin{bmatrix} 2 & -1 & 3 & \vdots & 1 \\ 0 & 0 & -1 & \vdots & 2 \\ 0 & 0 & 1 & \vdots & -2 \end{bmatrix}$

$\xrightarrow{r_2+r_3} \begin{bmatrix} 2 & -1 & 3 & \vdots & 1 \\ 0 & 0 & -1 & \vdots & 2 \\ 0 & 0 & 0 & \vdots & 0 \end{bmatrix}$

阶梯矩阵所对应的方程组为

$$\begin{cases} 2x_1-x_2+3x_3=1 \\ -x_3=2 \end{cases}$$

将方程中含 x_1 的项移到等式的右边得

$$\begin{cases} x_2=2x_1-7 \\ x_3=-2 \end{cases}$$

由于 x_1 任取一实数代入上式都可以得到方程组的一组解,因此由 x_1 的任意性可知方程组有无穷多个解. 令 $x_1=k(k\in\mathbf{R})$,则原方程组的解为

$$\begin{cases} x_1=k \\ x_2=2k-7 \\ x_3=-2 \end{cases} \quad (k\in\mathbf{R}).$$

我们把像 x_1 这样的变量称为自由未知量,用自由未知量表示的解称为线性方程组的一般解.

【例16】 解线性方程组

$$\begin{cases} 2x_1-x_2+3x_3=1 \\ 4x_1-2x_2+5x_3=4 \\ 2x_1-x_2+4x_3=0 \end{cases}$$

【解】 $\bar{A} = [A \vdots B] = \begin{bmatrix} 2 & -1 & 3 & \vdots & 1 \\ 4 & -2 & 5 & \vdots & 4 \\ 2 & -1 & 4 & \vdots & 0 \end{bmatrix} \xrightarrow{\substack{-2r_1+r_2 \\ -r_1+r_3}} \begin{bmatrix} 2 & -1 & 3 & \vdots & 1 \\ 0 & 0 & -1 & \vdots & 2 \\ 0 & 0 & 1 & \vdots & -1 \end{bmatrix}$

$\xrightarrow{r_2+r_3} \begin{bmatrix} 2 & -1 & 3 & \vdots & 1 \\ 0 & 0 & -1 & \vdots & 2 \\ 0 & 0 & 0 & \vdots & 1 \end{bmatrix}$

阶梯矩阵所对应的方程组为

$$\begin{cases} 2x_1 - x_2 + 3x_3 = 1 \\ -x_3 = 2 \\ 0 = 1 \end{cases}$$

由于"$0=1$"不成立,故原方程组无解.

由上述三个例子可得到线性方程组解的一般结论.

【定理3】 线性方程组 $AX=B$ 有解的充分必要条件是它的系数矩阵的秩和增广矩阵的秩相等,即 $R(\bar{A}) = R(A)$. 并且当 $R(A) = n$ 时,有唯一解;当 $R(A) < n$ 时,有无穷多解.

【定理4】 在齐次线性方程组(2)中,若 $R(A) = n$,则方程组只有零解;若 $R(A) < n$,则方程组有非零解.

【例17】 解齐次线性方程组

$$\begin{cases} x_1 - x_2 + 2x_4 = 0 \\ 3x_1 - 3x_2 + 7x_4 = 0 \\ x_1 - x_2 + 2x_3 + 3x_4 = 0 \end{cases}$$

【解】 $A = \begin{bmatrix} 1 & -1 & 0 & 2 \\ 3 & -3 & 0 & 7 \\ 1 & -1 & 2 & 3 \end{bmatrix} \xrightarrow{\substack{-3r_1+r_2 \\ -r_1+r_3}} \begin{bmatrix} 1 & -1 & 0 & 2 \\ 0 & 0 & 0 & 1 \\ 0 & 0 & 2 & 1 \end{bmatrix} \xrightarrow{r_2 \leftrightarrow r_3} \begin{bmatrix} 1 & -1 & 0 & 2 \\ 0 & 0 & 2 & 1 \\ 0 & 0 & 0 & 1 \end{bmatrix}.$

由于 $R(A) = 3 < 4$,故方程组有无穷多组解. 阶梯矩阵对应的方程组为:

$$\begin{cases} x_1 - x_2 + 2x_4 = 0 \\ 2x_3 + x_4 = 0 \\ x_4 = 0 \end{cases}$$

令 $x_2 = k (k \in R)$,则得到方程组的解为

$$\begin{cases} x_1 = k \\ x_2 = k \\ x_3 = 0 \\ x_4 = 0 \end{cases} (k \in \mathbf{R}).$$

【案例6】 一家服装厂有甲、乙、丙3个加工车间,每个加工车间用一匹布能加工的产品及数量见表6-7.

表 6-7

车间 \ 产品	衬衣(件)	长裤(条)	外衣(件)
甲	4	15	3
乙	4	5	9
丙	8	10	5

现该厂接到一张订单，要求供应 2000 件衬衣，3500 条长裤和 2400 件外衣，问该厂应如何向 3 个车间安排加工任务，以完成该订单.

【解】 设甲、乙、丙 3 个车间分别安排 x_1、x_2、x_3 匹布，则

$$\begin{cases} 4x_1+4x_2+8x_3=2000 \\ 15x_1+5x_2+10x_3=3500 \\ 3x_1+9x_2+3x_3=2400 \end{cases}$$

$$\overline{A} = \begin{bmatrix} 4 & 4 & 8 & \vdots & 2000 \\ 15 & 5 & 10 & \vdots & 3500 \\ 3 & 9 & 3 & \vdots & 2400 \end{bmatrix} \xrightarrow[(1/3)r_3]{(1/4)r_1 \atop (1/5)r_2} \begin{bmatrix} 1 & 1 & 2 & \vdots & 500 \\ 3 & 1 & 2 & \vdots & 700 \\ 1 & 3 & 1 & \vdots & 800 \end{bmatrix}$$

$$\xrightarrow[-r_1+r_3]{-3r_1+r_2} \begin{bmatrix} 1 & 1 & 2 & \vdots & 500 \\ 0 & -2 & -4 & \vdots & -800 \\ 0 & 2 & -1 & \vdots & 300 \end{bmatrix} \xrightarrow[(-1/2)r_2]{r_2+r_3} \begin{bmatrix} 1 & 1 & 2 & \vdots & 500 \\ 0 & 1 & 2 & \vdots & 400 \\ 0 & 0 & -5 & \vdots & -500 \end{bmatrix}$$

$$\xrightarrow[-2r_3+r_2]{-r_2+r_1 \atop (-1/5)r_3} \begin{bmatrix} 1 & 0 & 0 & \vdots & 100 \\ 0 & 1 & 0 & \vdots & 200 \\ 0 & 0 & 1 & \vdots & 100 \end{bmatrix}.$$

阶梯矩阵所对应的方程组为：

$$\begin{cases} x_1=100 \\ x_2=200 \\ x_3=100 \end{cases}$$

则甲、乙、丙 3 个车间分别安排了加工 100 匹、200 匹、100 匹的任务.

习题 A

习题 6.1

1. 设有 A、B 两种物资(单位：吨)，要从产地甲、乙运往三个销地，物资 A 由

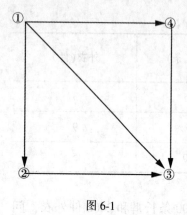

图 6-1

产地甲运往各销地依次为6、0、7,由产地乙运往各销地依次为4、5、0;物资 B 由产地甲运往各销地依次为2、4、6,由产地乙运往各销地依次为3、0、9,试用矩阵表示两种物资的调运方案以及各产地运往各销地的物资总数量情况.

2. 四个城市的单向航线,如图 6-1 所示,若令

$$a_{ij} = \begin{cases} 1, & \text{从 } i \text{ 市到 } j \text{ 市有一条单向航线} \\ 0, & \text{从 } i \text{ 市到 } j \text{ 市没有单向航线} \end{cases}$$

请用矩阵表示四个城市的航线情况.

3. 设 $A = \begin{bmatrix} 1 & 3 \\ 4 & 5 \end{bmatrix}$, $B = \begin{bmatrix} 3 & 7 \\ 4 & 1 \end{bmatrix}$, 求 $4A-B$, $3A+2B$.

4. 设 $A = \begin{bmatrix} 2 & -1 \\ 3 & 2 \\ -2 & 1 \end{bmatrix}$, $B = \begin{bmatrix} 1 & 3 & 2 \\ 0 & 1 & -1 \end{bmatrix}$,

求 $2A+3B^T$; $3A^T-B$.

5. 计算:

(1) $\begin{bmatrix} 1 & 2 \\ 3 & 4 \end{bmatrix} \begin{bmatrix} 1 & 0 \\ 2 & 3 \end{bmatrix}$

(2) $\begin{bmatrix} 1 & 2 & 3 \end{bmatrix} \begin{bmatrix} 3 \\ 2 \\ 1 \end{bmatrix}$

(3) $\begin{bmatrix} 1 \\ 2 \\ 3 \end{bmatrix} \begin{bmatrix} 3 & 2 & 1 \end{bmatrix}$

(4) $\begin{bmatrix} 3 & 2 & 1 \\ 0 & 1 & 2 \end{bmatrix} \begin{bmatrix} 1 & 2 & 2 \\ 0 & 2 & 1 \\ -1 & 0 & 3 \end{bmatrix}$

6. 4个工厂 A、B、C、D 均能生产3种产品甲、乙、丙,其单位成本如表 6-8 表示.

表 6-8

工厂 \ 产品单价	甲	乙	丙
A	3	5	6
B	2	4	8
C	4	5	5
D	4	3	7

现将生产产品甲600件,乙500件,丙200件,问哪个工厂生产成本最低?

7. 设矩阵 $A = \begin{bmatrix} -2 & 0 & 3 \\ 1 & 2 & 4 \end{bmatrix}$, $B = \begin{bmatrix} 5 & -3 \\ -1 & 4 \\ 2 & 5 \end{bmatrix}$, 求 X, 使 $3A+2X=B^{\mathrm{T}}$.

习题 6.2

1. 设行列式 $D = \begin{vmatrix} -1 & 3 & 2 \\ 7 & 0 & 6 \\ 11 & 9 & -4 \end{vmatrix}$, 试写出元素 a_{12}, a_{23}, a_{31} 的代数余子式 A_{12}, A_{23}, A_{31}.

2. 计算下列行列式:

(1) $\begin{vmatrix} 1 & 3 \\ 7 & 9 \end{vmatrix}$

(2) $\begin{vmatrix} 1 & 2 & 3 \\ 2 & 5 & 4 \\ 6 & 1 & 9 \end{vmatrix}$

(3) $\begin{vmatrix} 1 & 2 & 3 \\ 101 & 199 & 303 \\ 4 & 5 & 6 \end{vmatrix}$

(4) $\begin{vmatrix} 0 & 1 & 1 & 1 \\ 1 & 0 & 1 & 1 \\ 1 & 1 & 0 & 1 \\ 1 & 1 & 1 & 0 \end{vmatrix}$

3. 设 A、B 均为 3 阶方阵, 且 $|A|=3$, $|B|=4$, 求 $|2AB|$.

习题 6.3

1. 判断下列矩阵是否可逆? 若可逆, 求其逆矩阵.

(1) $\begin{bmatrix} 1 & 0 \\ 2 & 4 \end{bmatrix}$

(2) $\begin{bmatrix} 0 & -1 & 0 \\ 1 & 0 & 1 \\ 1 & 0 & 2 \end{bmatrix}$

2. 判断下列矩阵是否为行简化阶梯形矩阵, 若不是, 将其化为行简化阶梯形矩阵.

(1) $\begin{bmatrix} 1 & -1 & 2 \\ 2 & -3 & 5 \\ 3 & -2 & 4 \end{bmatrix}$

(2) $\begin{bmatrix} 1 & 0 & 0 & 5 & 0 \\ 0 & 0 & 1 & 4 & 0 \\ 0 & 0 & 0 & 0 & 1 \end{bmatrix}$

3. 写出下列矩阵的秩:

(1) $A = \begin{bmatrix} 0 & 1 & 1 & -1 & 2 \\ 0 & 2 & -2 & -2 & 0 \\ 0 & -1 & -1 & 1 & 1 \\ 1 & 1 & 0 & 1 & 1 \end{bmatrix}$

(2) $A = \begin{bmatrix} -1 & -2 & 1 & 4 \\ 2 & 3 & -4 & -5 \\ 1 & -4 & -13 & 14 \\ 1 & -1 & -7 & -1 \end{bmatrix}$

4. 用初等行变换求下列矩阵的逆矩阵:

(1) $A = \begin{bmatrix} 2 & 2 & -1 \\ 1 & -2 & 4 \\ 5 & 8 & 2 \end{bmatrix}$
(2) $A = \begin{bmatrix} 1 & 3 & 3 \\ 1 & 4 & 3 \\ 1 & 3 & 4 \end{bmatrix}$

习题 6.4

1. 利用消元法解下列线性方程组：

(1) $\begin{cases} x_1 + 2x_2 + 3x_3 = 4 \\ 3x_1 + 5x_2 + 7x_3 = 9 \\ 4x_1 + 6x_2 + 8x_3 = 10 \end{cases}$
(2) $\begin{cases} 4x_1 + 3x_2 - 2x_3 = -5 \\ x_1 - 7x_2 + 8x_3 = 15 \\ 17x_1 + 5x_2 = 6 \end{cases}$

(3) $\begin{cases} x_1 + 3x_2 + 6x_3 = 8 \\ x_1 + 2x_2 + 3x_3 = 8 \\ 3x_1 - 4x_2 - 5x_3 = 32 \end{cases}$
(4) $\begin{cases} x_1 + 2x_2 + x_3 - x_4 = 0 \\ 3x_1 + 6x_2 - x_3 - 3x_4 = 0 \\ 5x_1 + 10x_2 + x_3 - 5x_4 = 0 \end{cases}$

2. 当 a 为何值时，线性方程组 $\begin{cases} x_1 - x_2 + x_3 + 5x_4 = -2 \\ x_2 - x_3 - x_4 = 1 \\ x_1 + x_2 - x_3 + 3x_4 = a \end{cases}$ 有解？有解时，求出它的解.

3. 一百货商店出售某品牌四种型号的童装：S号、M号、L号、XL号，四种型号的童装售价分别是：220元、240元、260元、300元，若商店某周出售13件童装，毛收入是3200元，并已知L号的销售量为S号和XL号销售量的总和，L号的销售毛收入也是S号和XL号销售毛收入的总和，问各种型号的童装各售出多少件？

习 题 B

习题 6.1

1. 设

(1) $A = \begin{pmatrix} 3 & 1 & 1 \\ 2 & 1 & 2 \\ 1 & 2 & 3 \end{pmatrix}, B = \begin{pmatrix} 1 & 1 & -1 \\ 2 & -1 & 0 \\ 1 & 0 & 1 \end{pmatrix}$

(2) $A = \begin{pmatrix} a & b & c \\ c & b & a \\ 1 & 1 & 1 \end{pmatrix}, B = \begin{pmatrix} 1 & a & c \\ 1 & b & b \\ 1 & c & a \end{pmatrix}$

计算 AB，$AB - BA$，$A^T B$.

2. 计算.

(1) $\begin{pmatrix} 2 & 1 & 1 \\ 3 & 1 & 0 \\ 0 & 1 & 2 \end{pmatrix}^2$

(2) $\begin{pmatrix} 3 & 2 \\ -4 & -2 \end{pmatrix}^3$

(3) $[2, 3, -1] \begin{pmatrix} 1 \\ -1 \\ -1 \end{pmatrix}$

(4) $\begin{pmatrix} 1 \\ -1 \\ -1 \end{pmatrix} [2, 3, -1]$

(5) $[x, y, 1] \begin{pmatrix} a_{11} & a_{12} & b_1 \\ a_{21} & a_{22} & b_2 \\ b_1 & b_2 & c \end{pmatrix} \begin{pmatrix} x \\ y \\ 1 \end{pmatrix}$

3. 设 $f(\lambda) = a_0 \lambda^m + a_1 \lambda^{m-1} + \cdots + a_m$，$A$ 是一个 $n \times n$ 矩阵，定义 $f(A) = a_0 A^m + a_1 A^{m-1} + \cdots + a_m E$.

(1) $f(\lambda) = \lambda^2 - \lambda - 1$, $A = \begin{pmatrix} 1 & 2 & 4 \\ 3 & 1 & 2 \\ 1 & 0 & -1 \end{pmatrix}$

(2) $f(\lambda) = \lambda^2 - 5\lambda + 3$, $A = \begin{pmatrix} 2 & -1 \\ -3 & 3 \end{pmatrix}$

试求 $f(A)$.

习题 6.2

1. 计算下列行列式.

(1) $\begin{vmatrix} 2 & 0 & 1 \\ 1 & -4 & -1 \\ -1 & 8 & 3 \end{vmatrix}$

(2) $\begin{vmatrix} 4 & -2 & 4 \\ 10 & 2 & 12 \\ 1 & 2 & 2 \end{vmatrix}$

(3) $\begin{vmatrix} 3 & 4 & 2 \\ 7 & 5 & 1 \\ 3 & 2 & 4 \end{vmatrix}$

(4) $\begin{vmatrix} 1 & 1 & 1 \\ 1 & 1+a & 1 \\ 1 & 1 & 1+b \end{vmatrix}$

(5) $\begin{vmatrix} 1 & 2 & 3 \\ 3 & 1 & 2 \\ 2 & 3 & 1 \end{vmatrix}$

(6) $\begin{vmatrix} -1 & 2 & 2 \\ 2 & -1 & 2 \\ 2 & 2 & -1 \end{vmatrix}$

(7) $\begin{vmatrix} x & y & x+y \\ y & x+y & x \\ x+y & x & y \end{vmatrix}$

(8) $\begin{vmatrix} 3 & 1 & 1 & 1 \\ 1 & 3 & 1 & 1 \\ 1 & 1 & 3 & 1 \\ 1 & 1 & 1 & 3 \end{vmatrix}$

(9) $\begin{vmatrix} 1 & 2 & 3 & 4 \\ 2 & 3 & 4 & 1 \\ 3 & 4 & 1 & 2 \\ 4 & 1 & 2 & 3 \end{vmatrix}$ (10) $\begin{vmatrix} 1+x & 1 & 1 & 1 \\ 1 & 1-x & 1 & 1 \\ 1 & 1 & 1+y & 1 \\ 1 & 1 & 1 & 1-y \end{vmatrix}$

(11) $\begin{vmatrix} a^2 & (a+1)^2 & (a+2)^2 & (a+3)^2 \\ b^2 & (b+1)^2 & (b+2)^2 & (b+3)^2 \\ c^2 & (c+1)^2 & (c+2)^2 & (c+3)^2 \\ d^2 & (d+1)^2 & (d+2)^2 & (d+3)^2 \end{vmatrix}$

2. 证明.

$$\begin{vmatrix} b+c & c+a & a+b \\ b_1+c_1 & c_1+a_1 & a_1+b_1 \\ b_2+c_2 & c_2+a_2 & a_2+b_2 \end{vmatrix} = 2 \begin{vmatrix} a & b & c \\ a_1 & b_1 & c_1 \\ a_2 & b_2 & c_2 \end{vmatrix}$$

习题 6.3

1. 设 $A = \begin{bmatrix} a & b \\ c & d \end{bmatrix}$,问 A 满足什么条件时可逆？可逆时求 A^{-1}.

2. 设矩阵 $A = \begin{bmatrix} 2 & 5 \\ 1 & 3 \end{bmatrix}$,$B = \begin{bmatrix} 4 & -6 \\ 2 & 1 \end{bmatrix}$,$C = \begin{bmatrix} -2 & 4 \\ 2 & 1 \end{bmatrix}$,解下列矩阵方程(1) $AX = B$,(2) $XA = B$,(3) $AXB = C$.

3. 求下列矩阵的逆矩阵.

(1) $A = \begin{bmatrix} 1 & 1 & -1 \\ 2 & 1 & 0 \\ 1 & -1 & 0 \end{bmatrix}$ (2) $A = \begin{bmatrix} 1 & 2 & 3 & 4 \\ 2 & 3 & 1 & 2 \\ 1 & 1 & 1 & -1 \\ 1 & 0 & -2 & -6 \end{bmatrix}$

4. 写出下列矩阵的秩.

(1) $A = \begin{bmatrix} 2 & -1 & 3 & 2 & 6 \\ 3 & -3 & 3 & 2 & 5 \\ 3 & -1 & -1 & 2 & 3 \\ 3 & -1 & 3 & -1 & 4 \end{bmatrix}$ (2) $A = \begin{bmatrix} 1 & -2 & 3 & -4 & 4 \\ 0 & 2 & -4 & 2 & -3 \\ 1 & 4 & 0 & -3 & 1 \\ 0 & -6 & 3 & -1 & 3 \end{bmatrix}$

习题 6.4

1. 求下列线性方程组的解

(1) $\begin{cases} x_2 + x_3 - x_4 = 2 \\ 2x_2 - 2x_2 - 2x_4 = 0 \\ -x_2 - x_3 + x_4 = 1 \\ x_1 + x_2 + x_4 = 1 \end{cases}$

(2) $\begin{cases} 14x_1 + 12x_2 + 6x_3 + 8x_4 = 2 \\ 14x_1 + 104x_2 + 21x_3 + 9x_4 = 17 \\ 7x_1 + 6x_2 + 3x_3 + 4x_4 = 1 \\ 35x_1 + 30x_2 + 15x_3 + 20x_4 = 5 \end{cases}$

2. a，b 取什么值时，线性方程组

$$\begin{cases} x_1 + x_2 + x_3 + x_4 + x_5 = 1 \\ 3x_1 + 2x_2 + x_3 + x_4 - 3x_5 = a \\ x_2 + 2x_3 + 2x_4 + 6x_5 = 3 \\ 5x_1 + 4x_2 + 3x_3 + 3x_4 - x_5 = 6 \end{cases}$$

有解？在有解的情况下，求一般解．

3. 讨论下述线性方程组中，λ 取何值时有解、无解、有唯一解？并在有无穷多解时求出其解．

$$\begin{cases} \lambda x_1 + x_2 + x_3 = 1, \\ x_1 + \lambda x_2 + x_3 = \lambda, \\ x_1 + x_2 + \lambda x_3 = \lambda^2. \end{cases}$$

第7章 图论及其应用

7.1 图的基本概念

一、概论

图论起源于18世纪. 第一篇图论是瑞士数学家欧拉于1736年发表的"哥尼斯堡的七座桥". 1847年,克希霍夫为了给出电网络方程而引进了"树". 哈密顿于1859年提出"周游世界游戏",用图论的术语,就是如何找出一个连通图中的生成圈. 近十年来,由于计算机技术和科学的飞速发展,大大地促进了图论的研究和应用,图论的理论和方法已经渗透到物理、化学、运筹学、生物遗传学等学科中.

图论所谓的"图"是指某类具体事物和这些事物之间的联系. 如果我们用点表示这些具体事物,用连接两点的线段(直的或曲的)表示两个事物特定的联系,就得到了描述这个"图"的几何形象. 图论为任何一个包含了一种二元关系的离散系统提供了一个数学模型,借助于图论的概念、理论和方法,可以对该模型求解.

下面介绍几个图论在生活中应用的例子.

【案例1】 最短路线问题(SPP—shortest path problem).

一名货柜车司机奉命在最短的时间内将一车货物从甲地运往乙地. 从甲地到乙地公路网络纵横交错,因此有多种行车路线,这名司机应选择哪条路线呢?假设货柜车的运行速度是恒定的,那么这一问题相当于需要找到一条从甲地到乙地的最短路线。

【案例2】 公路连接问题.

某一地区有若干个主要城市,现准备修建高速公路把这些城市连接起来,使得从其任何一个城市都可以经高速公路直接或间接到达另一个城市. 假定已经知道了任意两个城市之间修高速公路的成本,那么应如何决定在哪些城市间修建高速公路,使得总成本最小?

【案例3】 中国邮递员问题(CPP—chinese postman problem).

一名邮递员负责投递某个街区的邮件. 如何为他(她)设计一条最短的投递路线(从邮局出发,经过投递区内每条街道至少一次,最后返回邮局)?

上述问题有两个共同的优点:一是它们的目的都是从若干可能的安排或方案中寻求某种意义下的最优安排或方案,数学上把这种问题称为最优化或优化

(optimization)问题；二是它们都易于用图形的形式直观地描述和表达. 所以，我们将从图论的角度来分析和解决这些问题.

下面首先简要地介绍图的一些基本概念.

二、图的基本概念

1. 图的概念

【定义 1】 一个图 G 是指一个二元组 $(V(G), E(G))$，其中：

(1) $V(G) = \{v_1, v_2, \cdots, v_n\}$ 是非空有限集，称为顶点集，其中元素称为图 G 的顶点.

(2) $E(G)$ 是顶点集 $V(G)$ 中的无序或有序的元素偶对 (v_i, v_j) 组成的集合，即称为边集，其中元素称为边.

【定义 2】 图 G 的阶是指图中的顶点数 $|V(G)|$，用 v 来表示；图的边的数目 $|E(G)|$ 用 ε 来表示.

用 $G = (V(G), E(G))$ 表示图，简记 $G = (V, E)$，也用 $v_i v_j$ 表示边 (v_i, v_j).

例如图 7-1.

$V = \{v_1, v_2, v_3, v_4, v_5\}$,

$E = \left\{\begin{array}{l}\{v_1, v_2\}, \{v_2, v_3\}, \{v_3, v_4\} \\ \{v_4, v_5\}, \{v_1, v_5\}\end{array}\right\}$.

【定义 3】 一个图的顶点集和边集都是有限集，则称其为有限图或 n 阶图. 只有一个顶点的图称为平凡图，其他的所有图都称为非平凡图.

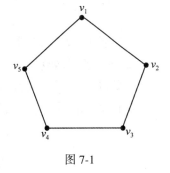

图 7-1

在图中，边分为两种：有向边和无向边. 在有向边的两个端点中，一个是始点，另一个是终点，有向边的箭头方向自始点指向终点. 在无向边中，每个端点都可作为起点或终点.

如果图中各边都是有向边，则称此图为有向图(如图 7-2).

如果图中各边都是无向边，则称此图为无向图(如图 7-3).

如果图中既有有向边又有无向边，则称此图为混合图.

有边联结的两个点称为相邻点，有一个公共端点的边称为相邻边. 边和它的端点称为互相关联. 端点重合为一点的边称为环. 若一对顶点之间有两条以上的边联结，则这些边称为重边.

既没有环也没有重边的图，称为简单图.

任意两顶点之间都有一条边关联的简单图，称为完备图.

在实际问题抽象出来的图中，顶点和边往往带有信息，这样的图称为赋权图. 例如公路交通网络图，城市人口数是顶点的信息，公路的长度则是边的信息.

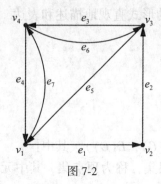
图 7-2

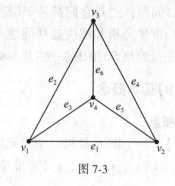
图 7-3

2. 图中顶点的度

【定义4】 在无向图 G 中，与顶点 v 关联的边的数目（环算两次），称为顶点 v 的度，记为 $d(v)$.

【定义5】 在有向图中，从顶点 v 引出的边的数目称为顶点 v 的出度，记为 $d^+(v)$，从顶点 v 引入的数目称为 v 的入度，记为 $d^-(v)$.

【定理6】 图的所有点的度数之和等于边数的两倍，即

$$\sum_{v \in V} d(v) = 2\varepsilon.$$

【推论】 在无向图中，度数为奇数的顶点有偶数个.

3. 图的矩阵表示

邻接矩阵（以下均假设图为简单图）：

(1) 对无向图 G，其邻接矩阵 $A = (a_{ij})_{v \times v}$，其中：

$$a_{ij} = \begin{cases} 1, & \text{若 } v_i \text{ 与 } v_j \text{ 相邻}, \\ 0, & \text{若 } v_i \text{ 与 } v_j \text{ 不相邻}. \end{cases}$$

如图 7-4 所示.

$$A = \begin{pmatrix} 0 & 1 & 1 & 1 \\ 1 & 0 & 1 & 0 \\ 1 & 1 & 0 & 1 \\ 1 & 0 & 1 & 0 \end{pmatrix}$$

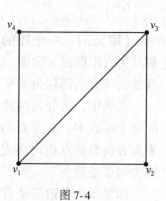
图 7-4

(2) 对有向图 G，其邻接矩阵 $A = (a_{ij})_{v \times v}$，其中：

$$a_{ij} = \begin{cases} 1, & \text{若}(v_i, v_j) \in E, \\ 0, & \text{若}(v_i, v_j) \notin E. \end{cases}$$

如图 7-5 所示.

$$A = \begin{pmatrix} 0 & 1 & 0 & 1 \\ 0 & 0 & 1 & 0 \\ 1 & 0 & 0 & 1 \\ 1 & 0 & 1 & 0 \end{pmatrix}$$

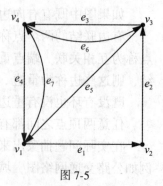
图 7-5

权矩阵：一个 n 阶赋权图的权矩阵 $A=(a_{ij})_{v\times v}$，其中：

$$a_{ij}=\begin{cases}w_{ij}, & \text{若}(v_i,v_j)\in E,\\ 0, & \text{若}i=j,\\ \infty, & \text{若}(v_i,v_j)\notin E.\end{cases}$$

$$A=\begin{pmatrix}0 & 6 & \infty & 8\\ \infty & 0 & 7 & \infty\\ 3 & \infty & 0 & 2\\ 4 & \infty & 5 & 0\end{pmatrix}$$

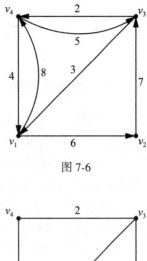

图 7-6

$$A=\begin{pmatrix}0 & 6 & 3 & 4\\ 6 & 0 & 7 & \infty\\ 3 & 7 & 0 & 2\\ 4 & \infty & 2 & 0\end{pmatrix}$$

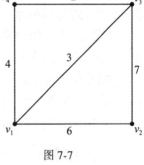

如图 7-6、图 7-7 所示。

图 7-7

【案例 4】 狼、羊、菜渡河问题.

一摆渡人欲将一只狼，一头羊，一篮菜从河西渡过河到河东，由于船小，一次只能带一物过河，并且，狼与羊，羊与菜不能独处，给出渡河方法.

【解】 用四维 0-1 向量表示(人，狼，羊，菜)在西岸的状态，(在西岸则分量取 1，否则取 0). 则共有 $2^4=16$ 种状态.

由题设，状态(0, 1, 1, 0)，(0, 0, 1, 1)，(0, 1, 1, 1)是不允许的，从而对应状态(1, 0, 0, 1)，(1, 1, 0, 0)，(1, 0, 0, 0)也是不允许的.

以十个向量作为顶点，将可能互相转移的状态连线，则得 10 个顶点的图(见图 7-8). 则所求的问题就转化为：如何从状态(1, 1, 1, 1)转移到(0, 0, 0, 0)？

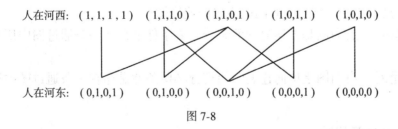

图 7-8

方法：从(1, 1, 1, 1)开始，沿关联边到达没有到达的相邻顶点，到(0, 0, 0, 0)终止，得到有向图即是.

7.2 图的连通与最短路问题

一、通路与回路

在图中，一条通路的顶点与边的交替序列 $v_1, e_1, v_2, e_2, \cdots, v_n, e_n$，它以顶点开始，以顶点结束. 一条始点为 v_1，终点为 v_n 的通路常称为 v_1-v_n 通路. 在简单图中也可以用顶点序列 $v_1, v_2, \cdots, v_n$ 表示. 通路中边的条数称为此通路的长度. 如果通路中的始点与终点重合，则称为回路.

【定义6】 如果通(回)路中的各边都不相同，则称此通(回)路为简单通(回)路.

【定义7】 如果通(回)路中的各个顶点都不相同，则称此通(回)路为基本通(回)路.

通路 $W_{v_1v_4} = v_1e_4v_4e_5v_2e_1v_1e_4v_4$.

简单通路 $T_{v_1v_4} = v_1e_1v_2e_5v_4e_6v_2e_2v_3e_3v_4$.

基本通路 $P_{v_1v_4} = v_1e_1v_2e_5v_4$.

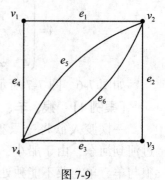

图 7-9

二、连通图

【定义8】 在图中，如果顶点 v_i 到 v_j 存在一条通路，则称 V_i 到 V_j 是可达的.

显然，在无向图中，如果 v_i 到 v_j 是可达的，则必有 v_j 到 v_i 是可达的.

【定义9】 在无向图中，如果任意两点都是可达的，则称此图为连通图；否则称为非连通图.

【定义10】 在有向图中，如果图中任意两点 v_i 到 v_j 是互为可达的(即 v_i 到 v_j 是可达的，且 v_j 到 v_i 也是可达的)，则称此有向图为强连通图.

【定义11】 在有向图中，如果图中任意两点 v_i 和 v_j，有 v_i 到 v_j 是可达的，或者 v_j 到 v_i 是可达的，则称此有向图为单向连通图.

【定理1】 有向图是强连通图的充分必要条件是存在一条通过图中所有顶点的回路.

【定理2】 有向图是单向连通图的充分必要条件是存在一条通过图中所有顶点的通路.

三、最短路问题

【案例5】 给出了一个连接若干个城镇的铁路网络图，在这个网络图的两个城镇间，找一条最短铁路线.

以各城镇图 G 的顶点，两城镇间的直通铁路为图 G 相应两顶点间的边，得图 G. 对 G 的每一边 e，赋以一个实数 $w(e)$—直通铁路的长度，称为 e 的权，得到赋

权图 G. 问题就是求赋权图 G 中指定的两个顶点 u_0, v_0 间的具有最小权的通路. 这条通路叫做 u_0, v_0 间的最短路, 它的权叫做 u_0, v_0 的距离, 亦记作 $d(u_0, v_0)$.

上述这类问题称为赋权图的最短通路问题. 最短路问题是图论应用的基本问题, 很多实际问题, 如线路的布设、运输安排、运输网络最小费用流等问题, 都可以通过建立最短路模型来求解.

最短路问题常用的两种方法: Dijkstra 算法和 Floyd 算法. 下面分以下两种情况进行详细的介绍:

(1) 求赋权图中从给定点到其余顶点的最短路;

(2) 求赋权图中任意两点间的最短路.

1. 赋权图中从给定点到其余顶点的最短路

Dijkstra 算法用于求 G 中从顶点 u_0 到其余顶点的最短路. 这个算法的基本思想是: 先求 u_0 到某一点的最短通路, 然后利用这个结果再去确定 u_0 到另一点的最短通路, 如此继续下去, 直到找到 u_0 到 v_0 的最短通路为止.

设 G 为赋权有向图或无向图, G 边上的权均为非负. 对每个顶点, 定义两个标记 $(l(v), z(v))$, 其中:

$l(v)$: 表示从顶点 u_0 到 v 的一条路的权;

$z(v)$: v 的父亲点, 用以确定最短路的路线.

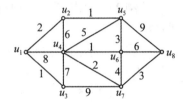

图 7-10

【例1】 求图 7-10 从顶点 u_1 到其余顶点的最短路.

【解】 其具体步骤如表 7-1 所示。

表 7-1

迭代次数	$l(u_i)$							
	u_1	u_2	u_3	u_4	u_5	u_6	u_7	u_8
1	⓪	∞	∞	∞	∞	∞	∞	∞
2		2	①	8	∞	∞	∞	∞
3		②		8	∞	∞	10	∞
4				8	③	∞	10	∞
5				8		⑥	10	12
6				⑦			10	12
7							⑨	12
8								⑫
最后标记 $l(v)$	0	2	1	7	3	6	9	12
$z(v)$	u_1	u_1	u_1	u_6	u_2	u_5	u_4	u_5

2. 赋权图中任意两点间的最短路

Floyd 算法用于求 G 中任意两点间的最短路. 这个算法的基本思想是: 直接在图的带权邻接矩阵中用插入顶点的方法依次构造出 v 个矩阵 $D^{(1)}$, $D^{(2)}$, $\cdots$, $D^{(v)}$, 使得最后得到的矩阵 $D^{(v)}$ 成为图的距离矩阵, 同时也求出插入点矩阵以便得到两点间的最短路(图 7-11).

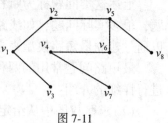

图 7-11

Floyd 算法: 设 $W = (w_{ij})_{n \times n}$ 为赋权图 G 的权矩阵, d_{ij} 表示从 v_i 到 v_j 点的距离, r_{ij} 表示从 v_i 到 v_j 点的最短路中一个点的编号.

(1) 赋初值. 对所有 i, j, $d_{ij} = w_{ij}$, $r_{ij} = j$. $k = 1$. 转向(2).

(2) 更新 d_{ij}, r_{ij}. 对所有 i, j, 若 $d_{ik} + d_{kj} < d_{ij}$, 则令 $d_{ij} = d_{ik} + d_{kj}$, $r_{ij} = k$, 转向(3).

(3) 终止判断. 若 $k = n$ 终止; 否则令 $k = k + 1$, 转向(2).

最短路线可由 r_{ij} 得到.

【例 2】 求图 7-12 中加权图的任意两点间的距离与路径.

【解】 利用计算机编程可得最后的距离矩阵和路径矩阵如下:

$$D = \begin{bmatrix} 0 & 7 & 5 & 3 & 9 \\ 7 & 0 & 2 & 4 & 6 \\ 5 & 2 & 0 & 2 & 4 \\ 3 & 4 & 2 & 0 & 6 \\ 9 & 6 & 4 & 6 & 0 \end{bmatrix}, \quad R = \begin{bmatrix} 1 & 4 & 4 & 4 & 4 \\ 3 & 2 & 3 & 3 & 3 \\ 4 & 2 & 3 & 4 & 5 \\ 1 & 3 & 3 & 4 & 3 \\ 4 & 3 & 3 & 3 & 5 \end{bmatrix}.$$

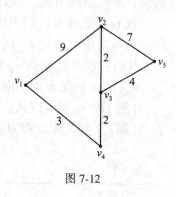

图 7-12

由 $d_{51} = 9$ 知从 v_5 到 v_1 的最短路为 9.

又 $r_{51} = 4$, 由 v_4 向 v_5 追溯: $r_{54} = 3$, $r_{53} = 3$; 由 v_4 向 v_1 追溯: $r_{41} = 1$, 所以 v_5 到 v_1 的最短路径为: $5 \to 3 \to 4 \to 1$.

【案例 6】 选址问题.

某城市要建立一个银行, 为该市所属的七个区服务, 如图 7-13 所示. 问应该设在哪个区, 才能使它至最远区的路径最短.

解:(1) 用 Floyd 算法求出距离矩阵 $D = (d_{ij})_{v \times v}$;

(2) 计算在各个点 v_i 设立银行的最大服务距离 $S(v_i)$;

$$S(v_i) = \max_{1 \leq j \leq v} \{d_{ij}\} \qquad i = 1, 2, \cdots, v$$

(3) 求出顶点 v_k, 使得 $S(v_k) = \min_{1 \leq i \leq v} \{S(v_i)\}$.

由计算机编程算得距离矩阵为

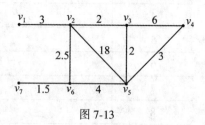

图 7-13

$$D = \begin{bmatrix} 0 & 3 & 5 & 10 & 7 & 5.5 & 7 \\ 3 & 0 & 2 & 7 & 4 & 2.5 & 4 \\ 5 & 2 & 0 & 5 & 2 & 4.5 & 6 \\ 10 & 7 & 5 & 0 & 3 & 7 & 8.5 \\ 7 & 4 & 2 & 3 & 0 & 4 & 5.5 \\ 5.5 & 2.5 & 4.5 & 7 & 4 & 0 & 1.5 \\ 7 & 4 & 6 & 8.5 & 5.5 & 1.5 & 0 \end{bmatrix}$$

则 $S(v_1)=10$，$S(v_2)=7$，$S(v_3)=6$，$S(v_4)=8.5$，$S(v_5)=7$，$S(v_6)=7$，$S(v_7)=8.5$.

通过比较得 $S(v_3)=6$ 最小，故应将银行设在 v_3 处.

7.3 欧拉图及其应用

一、欧拉图的概念

【定义12】 设图 $G=(V, E)$，$M \subseteq E$，若 M 的边互不相邻(即没有公共的顶点)，则 M 是 G 的一个匹配.

如图7-14所示，图(a)不是一个匹配，图(b)为一个匹配.

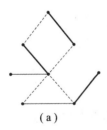

图 7-14

若顶点 v 与 M 的一条边关联，则称 v 是 M 饱和的.

设 M 是 G 的一个匹配，若 G 的每个顶点都是 M 饱和的，则称 M 是 G 的理想匹配.

【定义13】 设 $G=(V, E)$，
(1) 经过 G 的每边至少一次的回路称为巡回；
(2) 经过 G 的每边正好一次的回路称为欧拉回路；
(3) 存在欧拉回路的图称为欧拉图.

【定义14】 如果图中存在一条通过图中各边一次且仅一次的通路，则称此通路为欧拉通路，具有欧拉通路的图称为半欧拉图.

【定理3】 一个无向连通图是欧拉图的充分必要条件是图中各点的度数为

偶数.

【定理4】 一个无向连通图是半欧拉图的充分必要条件是图中至多有两个奇数度点.

二、中国邮递员问题

【案例7】 一个邮递员在递送邮件时,每次都要走遍他负责投递范围内的各条街道,然后再回到邮局,现问,他应该按什么样的路线走,使所走的路程最短?这个问题就是中国邮递员问题.

容易看到,这个问题实际上是在赋权图上找到一条通过各边的回路,且各边的权之和最小,称这样的回路为最优回路.中国邮递员问题可以看作是欧拉问题的一种延伸.

(1)如果邮递员所走街道的图形是一个欧拉图,则中国邮递员问题容易解决,因为图中任何一条欧拉回路都是最优回路.

(2)如果邮递员所走街道的图形不是欧拉图(即图中有度数为奇数的顶点),则G的任何一个巡回经过某些边必定多于一次.

解决这类问题的一般方法是:在一些点之间引入重复边(重复边与它平行的边具有相同的权),使原图成为欧拉图,但希望所有添加的重复边的权的总和为最小.

情形一:图G正好有两个奇次顶点.

(1)用Dijkstra算法求出奇次顶点u与v之间的最短路p;

(2)令$G^* = G \cup P$,则G^*为欧拉图;

(3)找出G^*中的一条欧拉回即是最优回路.

情形二:图G正好有n个奇次顶点$(n \geq 2)$.

基本思想:先将奇次点配对,要求最佳配对,即点对之间距离总和最小.再沿点对之间的最短路径添加重复边得欧拉图G^*,G^*的欧拉回路便是图G的最优回路.

算法步骤:

(1)用Floyd算法求出所有奇次顶点之间的最短路和距离;

(2)以G的所在奇次顶点为顶点集(偶数个元素),作一完备图,边上的权为两端点在原图G的最短距离,将此完备加权图记为G_1;

(3)求出G_1的最小理想匹配M,得到奇次顶点的最佳配对;

(4)在G中沿配对顶点之间的最短路添加重复边得欧拉图G^*;

(5)找出G^*中的一条欧拉回路即是最优回路.

【例3】 求图7-15所示投递区的一条最佳邮递员路线.

【解】 (1)图中有v_4、v_7、v_8、v_9四个奇次顶点,用Floyd算法求出所有奇次顶

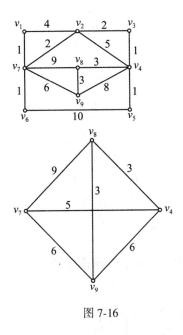

图 7-16

点之间的最短路和距离.

$P_{v_4v_7} = v_4v_3v_2v_7$, $d(v_4, v_7) = 5$

$P_{v_4v_8} = v_4v_8$, $d(v_4, v_8) = 3$

$P_{v_4v_9} = v_4v_8v_9$, $d(v_4, v_9) = 6$

$P_{v_7v_8} = v_7v_8$, $d(v_7, v_8) = 9$

$P_{v_7v_9} = v_7v_9$, $d(v_7, v_9) = 6$

$P_{v_8v_9} = v_8v_9$, $d(v_8, v_9) = 3$

（2）以 v_4、v_7、v_8、v_9 为顶点，它们之间的距离为边权构造完全图 G_1，如图 7-16 所示.

（3）求出 G_1 的最小权完美匹配

$M = \{(v_4, v_7), (v_7, v_8)\}$

（4）在 G 中沿 v_4 到 v_7 的最短路添加重复边，沿 v_8 到 v_9 的最短路添加重复边，得到欧拉图 G^*. G^* 的一条欧拉回路就是 G 的最优回路，其权值为 64.

习 题

习题 7.1

1. 设无向图 $G = <V, E>$，其中 $V = \{v_1, v_2, v_3, v_4, v_5\}$，$E = \{(v_1, v_3), (v_2, v_3), (v_2, v_4), (v_3, v_4), (v_3, v_5), (v_4, v_5)\}$.

试求：(1) 给出 G 的图形表示；(2) 写出其邻接矩阵；(3) 求出每个结点的度数.

2. 如图 7-17 所示，写出有向图的邻接矩阵，并求出每个点的出度和入度.

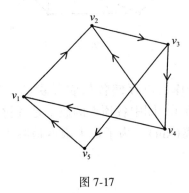

图 7-17

3. 如图 7-18 所示，写出图 G 的权接矩阵.

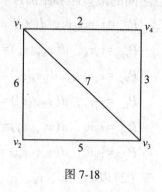

图 7-18

习题 7.2

1. 如图 7-19 所示的 3 个有向图中，哪个是强连通图？哪个是单向连通图？

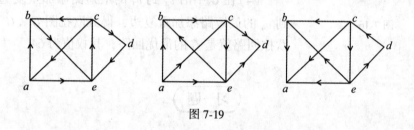

图 7-19

2. 如图 7-20 所示，求 a 到 z 的最短通路和最短通路长度.

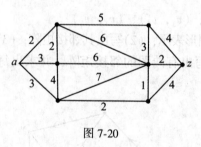

图 7-20

3. 某乡要建立一个粮库，以存储各村农民卖的公粮. 该乡九个村庄 A，B，C，$\cdots$，H，I，如图 7-21 所示. 图中各顶点的数字是各村要卖的公粮数(吨)，各边上的数字是各村之间的距离(km)，为了最大限度地减少运输费用，粮仓建在哪个村庄最合适？

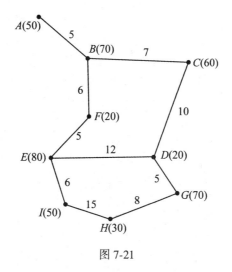

图 7-21

习题 7.3

1. 如图 7-22 所示的无向图中,哪些是欧拉图?哪些是半欧拉图?如果是欧拉图,请画出其欧拉回路,如果是半欧拉图,请画出其欧拉通路.

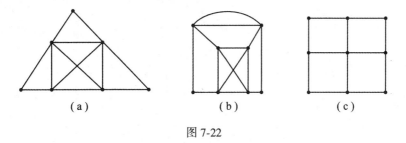

图 7-22

2. 一车辆从某配送中心(v_1)出发,给街道边上的超市(v_2,v_3,v_4,v_5,v_6,v_7,v_8,v_9)送货,如图 7-23 所示,试找出此送货员的最佳路径及此路径的长度.

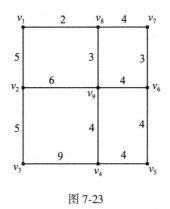

图 7-23

第三篇　兴趣模块

第三編　興趣・藝・社

第8章 MATLAB 数学软件简介

8.1 MATLAB 基础知识

MATLAB 是 Matrix Laboratory 的缩写，是 Mathworks 公司于 1984 年推出的一套科学计算软件，分为总包和若干工具箱．具有强大的矩阵计算和数据可视化能力．一方面可以实现数值分析、优化、统计、偏微分方程数值解、自动控制、信号处理、系统仿真等若干个领域的数学计算，另一方面可以实现二维、三维图形绘制、三维场景创建和渲染、科学计算可视化、图像处理、虚拟现实和地图制作等图形图像方面的处理．同时，MATLAB 是一种解释式语言．简单易学、代码短小高效、计算功能强大、图形绘制和处理容易、可扩展性强．

一、MATLAB 数学软件基本知识介绍

常用的进入 MATLAB 方法是鼠标双击 Windows 桌面上的 MATLAB 图标，以快捷方式进入（如果没有图标，可在桌面上新建"快捷方式"，将 MATLAB"图标"置于桌面，见图 8-1）．

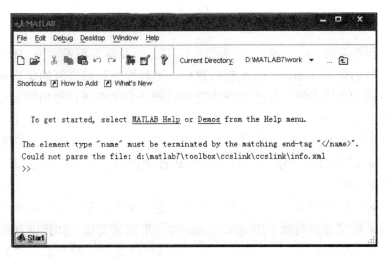

图 8-1

在MATLAB的环境中，键入quit(或exit)并回车，将退出MATLAB，返回到Windows桌面．也可以用鼠标单击MATLAB命令窗口右上方的关闭按钮"×"退出MATLAB．如果想用计算机做另外的工作而不退出MATLAB，这时可以单击MATLAB命令窗口右上方的极小化按钮"－"，暂时退出(并没有真正退出)MATLAB并保留了工作现场，随时可以单击Windows任务栏(屏幕下方)中的MATLAB标记以恢复命令窗口继续工作．

">>"是MATLAB的提示符号(Prompt)，但在PC中文视窗系统下，由于编码方式不同，此提示符号常会消失不见，但这并不会影响到MATLAB的运算结果．

假如我们想计算$[(1+2)\times 3-4]\div 2^3$，只需在提示符">>"后面输入"((1+2)*3-4)/2^3"，然后按Enter键，命令窗口马上就会出现算式的结果0.6250，并出现新的提示符等待新的运算命令的输入(图8-2)．

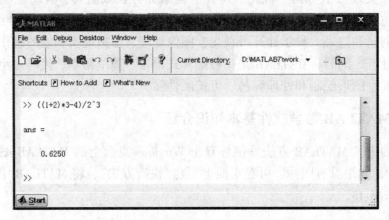

图 8-2

该命令行涉及加(+)、减(−)、乘(*)、除(/)及幂运算符(^)，Matlab运算的执行次序遵循的优先规则为：从左到右执行；幂运算具有最高级的优先级，乘法和除法具有相同的次优先级，加法和减法有相同的最低优先级；使用括号可以改变前述优先次序，并由最内层括号向外执行．

由于此例中没有指定计算结果赋值给哪个变量，MATLAB用"ans"来临时存储计算结果．"ans"是Matlab用来存储结果的缺省变量名，属于特殊变量．常用的特殊变量如表8-1所示．

Matlab对所用的变量不用指定变量类型，它会根据所赋予变量的值或对变量所进行的操作来确定变量类型．用sym、syms命令来定义变量．如把前面的计算结果赋值给变量x，再由x构造一个新的变量，然后再将变量x赋新值．执行命令和结果如下所示：

表 8-1　　　　　　　　　　　　　特　殊　变　量

特殊变量	取值	特殊变量	取值
ans	用于结果的缺省变量名	i, j	虚数单位 $\sqrt{-1}$
pi	圆周率	eps	浮点运算的相对精度
NAN	不定值, 如 0/0	inf	正无穷大

```
>>syms x y
>>x=((1+2)*3-4)/2^3
x =
    0.6250
>>y=3*x+5      %这里乘号"*"一定要有,若写成 y=3x+5 则会出错.
y =
    6.8750
>>x=3          %可以重新给 x 赋值
x =
    3
>>y
y =
    6.8750     %y 的值不会跟着改变,若想让 y 跟着改变,则再给 y 赋值
```
y=3*x+5.

Matlab 可以把多余命令放在同一行,各命令用逗号",",或分号";"分隔,逗号表示显示本命令结果,分号表示只执行该命令但不显示.

```
>>syms r l s
>>r=1; l=2*pi*r, s=pi*r^2
l =
    6.2832
s =
    3.1416
```

Matlab 对变量名的要求是区分大小写,以字母开头. "clear"命令可以清除定义过的变量.

二、MATLAB 常用函数与计算

MATLAB 的内部函数包括基本初等函数在内的一些函数,只要给定自变量的数据并知道函数名就可以计算出对应函数值. 见表 8-2.

表 8-2　　　　　　　　　　　　常用基本函数表

函数名	解释	MATLAB 命令	函数名	解释	MATLAB 命令
三角函数	sinx	sin(x)	反三角函数	arcsinx	asin(x)
	cosx	cos(x)		arccosx	acos(x)
	tanx	tan(x)		arctanx	atan(x)
	cotx	cot(x)		arccotx	acot(x)
	secx	sec(x)		arcsecx	asec(x)
	cscx	csc(x)		arccscx	acsc(x)
幂函数	x^a	x^a	对数函数	lnx	log(x)
	$\sqrt{x}$	sqrt(x)		$\log_2 x$	log2(x)
指数函数	a^x	a^x		$\log_{10} x$	log10(x)
	e^x	exp(x)	绝对值函数	$\lvert x \rvert$	abs(x)

MATLAB 基本运算符如下：

1. 算术运算符(表 8-3)

表 8-3

	数学表达式	MATLAB 运算符	MATLAB 表达式
加	a+b	+	a+b
减	a−b	−	a−b
乘	a×b	*	a*b
除	a÷b	/或\	a/b 或 b\a
幂	a^b	^	a^b

2. 关系运算符(表 8-4)

表 8-4

数学关系	MATLAB 运算符	数学关系	MATLAB 运算符
小于	<	大于	>
小于或等于	<=	大于或等于	>=
等于	==	不等于	~=

3. 逻辑运算符(表8-5)

表8-5

逻辑关系	与	或	非
MATLAB 运算符	&	|	~

通常 MATLAB 自变量采用弧度制，例如计算正弦函数在 $45°\left(即\dfrac{\pi}{4}\right)$ 处的值，只须在 MATLAB 环境下键入 sin(pi/4)，计算机屏幕将显示出计算结果

ans=0.7071.

如果需计算出正弦函数 sin30°，sin45°，sin60°的值，可输入命令

>>x=[pi/6，pi/4，pi/3]；sin(x)

计算机屏幕将显示计算结果

ans=

  0.5000 0.7071 0.8660

这说明 MATLAB 可以同时计算出某一函数在多个点处的值，而且所用的格式与数学书写格式几乎是完全一致的.

在命令窗口中键入表达式 $z=x^2+e^{x+y}-y\ln x-3$，并求 $x=2$，$y=4$ 时的值.

symsx y z

x=2；y=4；

z=x^2+exp(x+y)-y*log(x)-3

可以运算出结果是 401.6562. 注意变量要区分字母的大小写，标点符号必须是在英文状态下输入.

8.2 用 MATLAB 软件解方程、求极限、导数、积分、微分方程

一、解方程

命令格式：solve('方程'，'变量')

【例1】 求方程 $x^2=4$ 的根.

>>solve('x^2-4=0','x')

ans=

-2

2

【例2】 求方程 x-sinx=1/2 的根．

>>solve('x-sin(x)=1/2','x')

ans =

  1.4973003890958923146815215409476

注：这个命令只适合求一元方程的根．

二、求极限

命令格式：limit(函数名，变量，趋近值)

    limit(函数名)   默认变量趋向于零

    limit(函数名，变量，趋近值，'left or right') 表示求左右极限

【例3】 求极限 $\lim\limits_{x\to 0}\dfrac{\sin x}{x}$．

>>limit(sin(x)/x)

ans =

 1

【例4】 求 $\lim\limits_{x\to -\infty} e^x$．

>>limit(exp(x), x, -inf)

ans =

 0

【例5】 求 $\lim\limits_{x\to +\infty}\dfrac{\sin x}{x}$．

>>limit(sin(x)/x, x, inf)

ans =

 0

注：正无穷大用"inf"表示，负无穷大用"-inf"表示．

三、求导数

命令格式：diff(函数名) 表示求函数的一阶导数；

    diff(函数名，变量名，n) 表示函数对该变量求 n 阶导数．

【例6】 求函数 $y=\sin^2\dfrac{1}{x}$ 的导数．

diff((sin(1/x))^2)

ans =

-(2*cos(1/x)*sin(1/x))/x^2

【例7】 求 x^n 的 1 阶和 10 阶导数．

>>diff(x^n)

ans =
n * x^(n-1)
>>diff(x^n, x, 10)
　　ans =
　　n * x^(n-10) * (n-1) * (n-2) * (n-3) * (n-4) * (n-5) * (n-6) * (n-7) * (n-8) * (n-9)

用 MATLAB 计算极值：

【例 8】 已知销售额 R 是价格 P 的函数，且 $R = P\left(\dfrac{200}{P+4} - 18\right)$。当价格 P 为何值时，销售额 R 有最大值，且求此最大值.

在 MATLAB 中，输入
>>syms p
>>dy1 = diff(p * (200/(p+4) - 18), p)
　　dy1 =
　　　200/(p+4) - 18 - 200 * p/(p+4)^2
>>px = solve(dy1)
　　px =
　　　-32/3
　　　8/3
>>dy2 = diff(dy1)
dy2 =
-400/(p+4)^2 + 400 * p/(p+4)^3
>>p = 8/3;
-400/(p+4)^2 + 400 * p/(p+4)^3
ans =
　-5.4000
R = p * (200/(p+4) - 18)
R =
　32.0000

四、求积分

命令格式：int(函数名)　　求不定积分
　　　　　　int(函数名, a, b)　　求在[a, b]区间内的定积分

【例 9】 求不定积分 $\int 2x \, \mathrm{d}x$.

>>int(2 * x)

```
ans =
x^2
```
注：求不定积分得到的结果，只是被积函数的一个原函数，并没有加常数 C.

【例 10】 求定积分 $\int_0^\pi \sin x \mathrm{d}x$.

```
>>int(sin(x), 0, pi)
ans =
    2
```

8.3 向量、矩阵及其运算

MATLAB 之所以成名，是由于它具备了比其他软件更全面、更强大的矩阵运算功能. MATLAB 所有的数值功能都是以矩阵为基本单位进行的，所有的标量（整数、实数和复数）可以看作 1×1 矩阵，行向量和列向量可分别看作 1×n 和 n×1 矩阵.

一、向量的表示与运算

向量与标量之间的加、减、乘、除等简单数学运算是对向量的每个分量施加运算.

```
>>x=1:7; x1=x+1, x2=sin(x)
x1 =
    2    3    4    5    6    7    8
x2 =
    0.8415   0.9093   0.1411   -0.7568   -0.9589   -0.2794   0.6570
```
向量与标量之间的幂运算要用".^".
```
>>x4=x.^2=
    1    4    9    16    25    36    49
```
格式相同的向量之间也可以进行加减乘除及幂运算，格式为：加法"+"、减法"-"、乘法".*"、除法"./"或".\"、幂运算".^"
```
>>y1=1:4; y2=5:8; y3=y1+y2, y4=y1.*y2, y5=y1./y2, y6=y1.\y2
y3 =
    6    8    10    12
y4 =
    5    12    21    32
y5 =
    0.2000   0.3333   0.4286   0.5000
```

y6 =
    5.0000   3.0000   2.3333   2.0000

二、矩阵的表示及运算

1. 矩阵的表示

行向量和列向量均为特殊的矩阵，一般的矩阵具有多个行和多个列．生成矩阵的方法和生成向量的方法类似，在中括号"[ ]"中按次序输入矩阵的各元素，同行的元素之间用空格或逗号分隔，行与行用分号或回车符分隔．

>>[1 2 3 4; 2 3 4 5; 3：6]

ans =

    1   2   3   4
    2   3   4   5
    3   4   5   6

2. 矩阵与标量的运算

同向量类似，矩阵与标量之间的加、减、乘、除等简单数学运算是对矩阵的每个元素施加运算，分别使用算子"+"、"-"、"*"、"/"．但作除法时，若将矩阵直接作为除数将会出错．

>>A=[1 2 3; 4 5 6];
>>A1=1+A, A2=A*3

A1 =

    2   3   4
    5   6   7

A2 =

    3   6   9
    12   15   18

3. 矩阵与矩阵的运算

矩阵与矩阵之间的运算，必须符合矩阵的运算要求．如矩阵的加减使用算子"+"和"-"，要求两矩阵必须有相同的行数和列数．

>>A=[1 2 3; 3 2 1];
>>B=[-1 5 4; 0 -3 1];
>>A+B

ans =

0   7   7
3   -1   2

两矩阵相乘，使用算子"*"，前一矩阵的列数必须和后一矩阵的行数相同．

>>A=[1 2 3; 3 2 1]; B=[1 2; 0 1; -1 3];

```
>>A * B
ans =
    -2    13
     2    11
```

4. 常用矩阵函数

常用矩阵函数有 det、inv、rank、eig、poly、trace 等. 函数 det 用于求矩阵的行列式，inv 用于求逆矩阵，rank 用于求矩阵的秩，eig 用于求矩阵的特征值和特征向量，poly 用于求矩阵的特征多项式，trace 用于求矩阵的迹.

```
>>det([1 2 3; 3 1 2; 2 3 1])
ans =
    18
>>inv([1 1 1 1; 0 1 1 0; 0 0 1 1; 0 0 0 1])
ans =
    1   -1    0   -1
    0    1   -1    1
    0    0    1   -1
    0    0    0    1
>>rank([1 2 2 2; 0 1 1 0; 1 0 1 1; 0 1 0 1])
ans =
    3
```

三、解线性方程组

若线性方程组 $AX=B$ 有唯一解，即 A 可逆，则方程组的解为 $X=A\backslash B$(左除 A)；若线性方程组 $XA=B$ 有唯一解，则方程组的解为 $X=B/A$(右除 A). 如解线性方程组

$$\begin{bmatrix} 1 & -2 & 3 & 1 \\ 1 & 1 & -1 & -1 \\ 2 & -1 & 1 & 0 \\ 2 & 2 & 5 & -1 \end{bmatrix} \begin{bmatrix} x_1 \\ x_2 \\ x_3 \\ x_4 \end{bmatrix} = \begin{bmatrix} 7 \\ 2 \\ 7 \\ 18 \end{bmatrix}$$

的解可以用左除得到.

```
>>A=[1 -2 3 1; 1 1 -1 -1; 2 -1 1 0; 2 2 5 -1];
>>B=[7; 2; 7; 18];
>>A \ B
ans =
    3.0000
```

1.0000
2.0000
0.0000

即线性方程组的解为 $\begin{cases} x_1 = 3 \\ x_2 = 1 \\ x_3 = 2 \\ x_4 = 0 \end{cases}$

注：线性方程组 $AX=B$ 有唯一解时也可以用 rref 命令求解．

8.4　MATLAB 图形处理

不管是数值计算还是符号计算，无论计算得多么完美，结果多么准确，人们还是很难直接从一大堆原始数据中发现它们的含义，而数据图形化能使视觉感官直接感受到数据的许多内在本质，发现数据的内在联系，可把数据的内在特征表现得淋漓尽致．MATLAB 具有强大的图形处理能力，本节我们简单地介绍 Matlab 关于二维图形、三维图形的一些常用命令．

一、二维图形

二维图形的绘制是 Matlab 图形处理的基础，常用的函数是 fplot 函数和 polt 函数．

1. fplot 函数

fplot 是精确绘图函数，命令格式为：fplot('fun'，[a，b])．显示函数在区间[a，b]上图形．如在区间[-5，5]上，函数 y=xsinx 的图像．只要输入命令：

>>fplot('x*sin(x)'，[-5，5])

就会出现图 8-3．

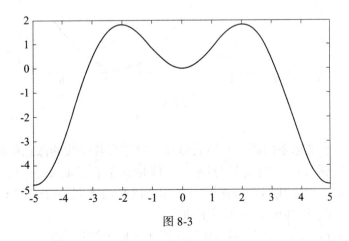

图 8-3

fplot 函数简单方便,但能处理的函数有限,不是任何一个一元函数它都能画.

2. plot 函数

绘制二维函数图形最常用的函数是 plot 函数,plot 函数最常用的格式为:plot(x,y),其中 x 和 y 是长度相同的向量,它将绘出以 x 为横坐标,y 为纵坐标的散点图,默认在相邻两点间用线段相连,可以用控制符设置线型、颜色及标记.

如绘制 0 到 2π 内 $\sin(x)$ 的图形:

>>x = linspace(0, 2 * pi, 50); y = sin(x);　%产生 50 个数据点,如图 8-4,图形效果比较好.

>>plot(x, y)

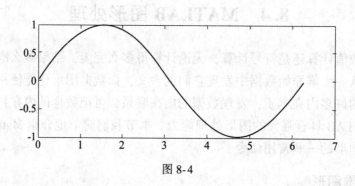

图 8-4

>>x = linspace(0, 2 * pi, 10); y = sin(x);　%产生 10 个数据点,如图 8-5,效果不好.

>>plot(x, y)

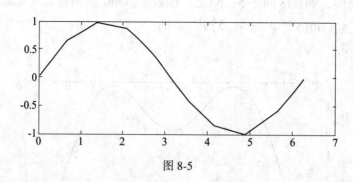

图 8-5

若想在同一个坐标系内画出不同的曲线,只需将各曲线的散点横纵坐标向量依次填入 plot 后的括号中,用逗号分隔.一般格式为:plot(x1, y1, x2, y2, x3, y3, …, xn, yn).例如我们希望在同一坐标系内画出区间[-2π, 2π]的正弦函数和余弦函数的图形(图 8-6),可用以下命令:

>>x = linspace(-2 * pi, 2 * pi);%默认产生 100 个数据点.

>>y1=sin(x); y2=cos(x);
>>plot(x, y1, x, y2)

我们也可以使用 hold 命令来实现上述功能. Matlab 只有一个图形窗口, 在缺省状态下, 画一个新的图形将会自动清除图形窗口中已有的图形, 然后在此窗口中绘制新的图形. 使用 hold on 命令之后, 绘制新图形时将不再清除已有图形; 使用 hold off 命令将恢复缺省状态. 图 8-6 也可由下列语言实现:

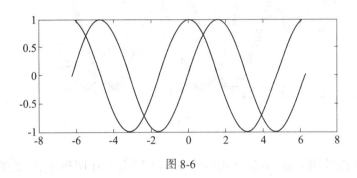

图 8-6

>>x=linspace(-2*pi, 2*pi); y1=sin(x); y2=cos(x);
>>plot(x, y1); hold on;   %先画正弦函数图形.
>>plot(x, y2); hold off;   %后画余弦函数图形.

Matlab 提供了一系列对曲线的线型、颜色及标记的控制符, 如表 8-6 所示.

表 8-6

控制符	线型或标记	控制符	颜色	控制符	标记
-	实线	g	绿色	.	点
:	点线	m	品红色	O	圆圈
-.	点画线	b	蓝色	x	叉号
——	虚线	c	青色	+	加号
h	六角星	w	白色	*	星号
v	倒三角	r	红色	s	正方形
^	正三角	k	黑色	d	菱形
>	左三角	y	黄色	p	五角星

这些符号的不同组合可以为图形设置不同的线型、颜色及标记. 调用时可以使用一个或多个控制符. 若为多个, 各控制符直接相连, 不需任何分隔符. 具体格式为: plot(x1, y1,'控制组合 1', x2, y2,'控制组合 2', ⋯, xn, yn,'控制组合

n'). 如前述的正弦函数我们希望使用"点线、蓝色、黑圈"来描绘，余弦函数用"虚线、红色、五角星"来描绘(图8-7)，可使用如下命令：

>>x = linspace(-2 * pi, 2 * pi); y1 = sin(x); y2 = cos(x);
>>plot(x, y1, ': bo', x, y2, '--rp')

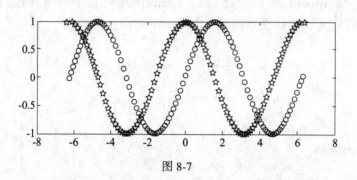

图 8-7

我们还可以使用 grid，title，xlabel，ylabel 等命令在图形上添加网格、标题、x 轴注解、y 轴注解等。在图形的任何已知位置添加一字符串可以使用 text 命令，更为方便的是用鼠标的落地来确定添加字符串的位置的 gtext 命令。由如下命令可以产生如图 8-8 的图形。

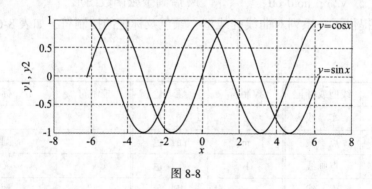

图 8-8

>>x = linspace(-2 * pi, 2 * pi); y1 = sin(x); y2 = cos(x);
>>plot(x, y1, x, y2);
>>grid on;   %显示网格；使用 grid off 命令取消网格显示．
>>title('Sine and Cosine');   %添加标题．
>>xlabel('x');   %添加 x 轴注解．
>>ylabel('y1, y2');   %添加 y 轴注解．
>>text(6.2, 0, 'y = sinx');   %在(6.2, 0)处添加字符串 y = sinx．
>>gtext('y = cosx');   %使用此命令后，鼠标在图形窗口会出现十字

标跟随鼠标移动,在需要的位置点击鼠标,即确定字符串 y=cosx 的放置位置.

如果我们希望在图形窗口中同时出现几个坐标系,每个坐标系显示不同的图形. Matlab 提供了 subplot 函数可以实现这样的功能,调用格式为:subplot(m,n,p). 此命令本身并不绘制图形,它只是将图形窗口分割成 m 行 n 列共 m×n 个子窗口,子窗口从左到右,由上至下进行编号,并把 p 指定的子窗口设置为当前窗口. 绘图 8-9 的命令如下:

```
>>x=linspace(-2*pi,2*pi);
>>y1=sin(x);y2=cos(x);y3=y1.*y2;
>>subplot(2,2,1);
>>plot(x,y1);title('y=sin(x)');
>>subplot(2,2,2);
>>plot(x,y2);title('y=cos(x)');
>>subplot(2,2,3);
>>plot(x,y3);title('sin(x)*cos(x)');
>>subplot(2,2,4);
>>plot(x,sin(x)+cos(x));title('sin(x)+cos(x)');
```

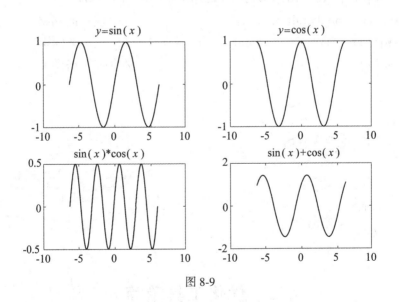

图 8-9

二、三维图形

plot3 命令将绘制二维图形的函数 plot 的特性扩展到三维空间. 除了数据多了一维外,它的调用风格与 plot 相同,具体调用格式为:plot3(x1,xy1,z1,'控制组合 1',x2,y2,z2,'控制组合 2',…,xn,yn,zn,'控制组合 n'),这里的 xi, yi，zi 为格式相同的向量或矩阵，控制组合的形式和 plot 函数相同．plot3 常用于绘制单变量的三维曲线．如绘制函数 $x=t\sin t$，$y=t\cos t$，$z=t$ 的常见图形（图 8-10），可使用如下命令：

>>t = linspace(0，20 * pi，1000)；
>>plot3(t. * sin(t)，t. * cos(t)，t)；
>>grid on；
>>xlabel('tsint')；ylabel('tcost')；zlabel('t')；

Matlab 中绘制带网格的曲面图使用 mesh 函数．此函数利用 x-y 平面的矩形网格点对应的 z 轴坐标值，在三维直角坐标系内各点一一画出，然后用直线段将相邻的点联结起来形成网状曲面．Matlab 中生成平面矩形网格点的函数为 meshgrid，它的功能是利用给定的两个向量生成二维网格点．

mesh 函数的调用非常简单，如我们希望绘制二元函数

$$z = \frac{\sin(\sqrt{x^2+y^2})}{\sqrt{x^2+y^2}}$$

的网格图（图 8-11），可使用如下命令：

>>x = linspace(-10，10，50)；y = linspace(-10，10，50)；
>>[xx，yy] = meshgrid(x，y)；   %生成平面网格点．
>>r = sqrt(xx.^2+yy.^2)；z = sin(r)./r；   %生成 z 坐标矩阵．
>>mesh(z)   %生成网格图．

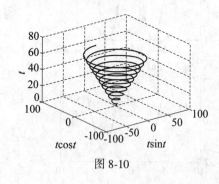

图 8-10

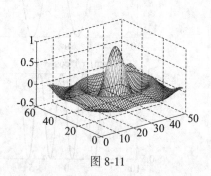

图 8-11

8.5　优化工具箱简介

开发 Matlab 软件的初衷只是为了方便矩阵运算，随着其作为商业软件的推广，它不断吸收各学科各领域权威人士编写的实用程序，形成了一系列规模庞大、覆盖面广的工具箱，如优化、图形处理、信号处理、神经网络、小波分析、概率统计、偏微分方程、系统识别、鲁棒控制、模糊逻辑等工具箱，极大地方便了我们进行科学研究和工程应用．由于数学建模中很多问题都可以转化为优化问题，本节我们简

单介绍一下优化工具箱中的部分函数,为大家今后熟练使用 Matlab 各工具箱函数奠定基础.

一、无约束最小值

函数 fminbnd 用来寻找单变量函数在固定区间内的最小值点及最小值,常用调用格式为:[x,fval]=fminbnd(fun,x1,x2). 返回函数 fun 在区间$(x1,x2)$上的最小值点 x 和对应的最小值 fval,fun 为目标函数的文件名句柄或目标函数的表达式字符串.

如求解函数 $f(x)=\sin x$ 在区间$(0,2\pi)$内的最小值及最小值点,使用如下命令即可:

\>\>[x,fval]=fminbnd(@sin,0,2*pi)

其中符号"@"表明目标函数为 Matlab 自定义的正弦函数 sin.m. 运行结果为:

x =

    4.7124

fval =

    -1.0000

如果目标函数不是 Matlab 自定义的函数,若目标函数表达式比较简单,如求函数 $f(x)=\dfrac{\ln(1+x^2)}{x}$ 在区间$(-3,2)$内的最小值及最小值点,可以直接用如下命令:

\>\>[x,fval]=fminbnd('log(1+x^2)/x',-3,2)   %注意单引号

x =

    -1.9803

fval =

    -0.8047

如果目标函数比较复杂,我们可以定义一个函数 M 文件,以函数 $f(x)=\dfrac{\ln(1+x^2)}{x}$ 为例,编写一个文件名为 fun1.m 的 M 文件:

function f=myfun(x)   %编写 M 文件时,此处的"myfun"与文件名可以不一致.

f=log(1+x^2)/x;   %注意要有分号.

然后调用 fminbnd 函数:

\>\>[x,fval]=fminbnd(@fun1,-3,2)   %注意此处是"fun1"并不是"myfun".

fminsearch 和 fminunc 都是用来求无约束多元函数的最小值的函数,两个函数的常用格式为:[x,fval]=fminsearch(fun,x0)和[x,fval]=fminunc(fun,x0). 都是从初值 x0 开始搜索函数 fun 的最小值点和最小值,但两个函数的搜索路线不相同. 当目标函数的阶数大于 2 时,使用 fminunc 比 fminsearch 更有效,当目标函数

高度不连续时,使用 fminsearch 更有效. 如我们希望求出 $f(x)=e^{x_1}(4x_1^2+2x_2^2+3x_1x_2+2x_2+3)$ 的最小值,首先编写目标函数的 M 文件 fun2.m:

function f=myfun(x)
f=exp(x(1))*(4*x(1)^2+2*x(2)^2+3*x(1)*x(2)+2*x(2)+3);%注意 x(1)、x(2)的写法.

然后调用 fminsearch 或 fminunc 函数:
>>[x,fval]=fminsearch(@fun2,[0,0])   %"[0,0]"从初值(0,0)点开始搜索.

或
>>[x,fval]=fminunc(@fun2,[0,0])

结果为:
x=
    -0.2936   -0.2798
fval=
    2.3771

fminsearch 和 fminunc 两个函数得到的最小值点可能是不相同的,这是由于两函数各自的搜索方向不同造成的,其实这两个函数可能只得到初值点附近的局部最小值(点),而不一定是全局最小值(点). 事实上,前述的 fminbnd 及后面要介绍的 fmincon 都可能只得到局部最小值(点).

二、线性规划

线性规划问题是指目标函数和约束条件均为线性函数的问题,Matlab 解决线性规划问题的标准格式为:

min $f'x$
s.t. $A\cdot x\leqslant b$
    $Aeq\cdot x=beq$
    $lb\leqslant x\leqslant ub$

其中 f、x、b、beq、lb、ub 均为列向量,A、Aeq 为矩阵,$A\cdot x\leqslant b$ 为线性不等式约束条件,$Aeq\cdot x=beq$ 为线性等式约束条件,$lb\leqslant x\leqslant ub$ 为变量 x 的取值范围. Matlab 提供解决此标准形式的线性规划的函数为 linprog,其最常用的调用格式为:

[x,fval]=linprog(f,A,b,Aeq,beq,lb,ub)

返回最小值点 x 和对应的最小值 fval. 若无某些约束条件,调用时对应位置的参数均用中括号"[ ]"代替. 如求解线性规划问题:

max $-2x_1-3x_2-6x_3+5x_4$
s.t. $x_1-x_2-2x_3-4x_4\leqslant 0$
    $x_2+x_3-x_4\geqslant 0$

$$x_1+x_2+x_3+x_4=1$$
$$x_1\geq 0, \ x_2\geq 0, \ x_3\geq 0, \ x_4\geq 0$$

首先输入目标函数及各约束条件中所涉及的向量或矩阵:

\>>f=[2; 3; 6; -5];
\>>A=[1 -1 -2 -4; 0 -1 -1 1]; b=[0; 0];
\>>Aeq=[1 1 1 1]; beq=[1];
\>>lb=[0; 0; 0; 0];

然后调用 linprog 函数:

\>>[x, fval]=linprog(f, A, b, Aeq, beq, lb, [ ])   %无上界

x =

  0.0000

  0.5000

  0.0000

  0.5000

fval =

  -1.0000   %原目标函数最大值为 1.

这里的向量或矩阵 f、A、b、Aeq、beq、lb 都是将原模型转化为标准形式后的向量或矩阵.

Matlab 优化工具箱还提供了求解二次规划问题的 quadprog 函数,求解有非线性约束条件的多元函数的最小值的 fmincon 函数,等等. 以上只是对优化工具箱的简单介绍,各函数的详细用法请参照在线帮助系统.

第9章 数学建模

9.1 数学模型简介

一、数学建模的意义

数学,作为一门研究现实世界数量关系和空间形式的科学,在它产生和发展的历史长河中,一直是和人们生活的实际需要密切相关的.作为用数学方法解决实际问题的第一步,数学建模自然有着与数学同样悠久的历史.两千多年以前创立的欧几里得几何,17世纪发现的牛顿万有引力定律,都是科学发展史上数学建模的成功范例.

进入20世纪以来,随着数学以空前的广度和深度向一切领域渗透,以及电子计算机的出现与飞速发展,数学建模越来越受到人们的重视,可以从以下几方面来看数学建模在现实世界中的重要意义.

(1)在一般工程技术领域,数学建模仍然大有用武之地.在以声、光、热、力、电这些物理学科为基础的诸如机械、电机、土木、水利等工程技术领域中,数学建模的普遍性和重要性不言而喻,虽然这里的基本模型是已有的,但是由于新技术、新工艺的不断涌现,提出了许多需要用数学方法解决的新问题;高速、大型计算机的飞速发展,使得过去即便有了数学模型也无法求解的课题(如大型水坝的应力计算,中长期天气预报等)迎刃而解;建立在数学模型和计算机模拟基础上的CAD技术,以其快速、经济、方便等优势,大量地替代了传统工程设计中的现场实验、物理模拟等手段.

(2)在高新技术领域,数学建模几乎是必不可少的工具.无论是发展通信、航天、微电子、自动化等高新技术本身,还是将高新技术用于传统工业去创造新工艺、开发新产品,计算机技术支持下的建模和模拟都是经常使用的有效手段.数学建模、数值计算和计算机图形学等相结合形成的计算机软件,已经被固化于产品中,在许多高新技术领域起着核心作用,被认为是高新技术的特征之一.在这个意义上,数学不再仅仅作为一门科学,它是许多技术的基础,而且直接走向了技术的前台.国际上一位学者提出了"高技术本质上是一种数学技术"的观点.

(3)数学迅速进入一些新领域,为数学建模开拓了许多新的处女地.随着数学向诸如经济、人口、生态、地质等所谓非物理领域的渗透,一些交叉学科如计量经济学、人口控制论、数学生态学、数学地质学等应运而生. 一般地说,不存在作为支配关系的物理定律,当用数学方法研究这些领域中的定量关系时,数学建模就成为首要的、关键的步骤和这些学科发展与应用的基础. 在这些领域里建立不同类型、不同方法、不同深浅程度模型的余地相当大,为数学建模提供了广阔的新天地. 马克思说过,一门科学只有成功地运用数学时,才算达到了完善的地步. 展望 21 世纪,数学必将大踏步地进入所有学科,数学建模将迎来蓬勃发展的新时期.

二、数学模型及其分类

目前数学模型还没有一个统一的准确的定义,因为站在不同的角度可以有不同的定义. 不过我们可以给出如下描述:"数学模型是关于部分现实世界和为一种特殊目的而作的一个抽象的、简化的结构."具体来说,数学模型就是为了某种目的,用字母、数学及其他数学符号建立起来的等式或不等式以及图表、图像、框图等描述客观事物的特征及其内在联系的数学结构表达式. 一般来说,数学建模过程可表示如下:

数学模型可以按照不同的方式分类,下面介绍常用的几种.

1. 按照模型的应用领域(或所属学科)分

如人口模型、交通模型、环境模型、生态模型、城镇规划模型、水资源模型、再生资源利用模型、污染模型等. 范畴更大一些则形成许多边缘学科如生物数学、医学数学、地质数学、数量经济学、数学社会学等.

2. 按照建立模型的数学方法(或所属数学分支)分

如初等数学模型、几何模型、微分方程模型、图论模型、马氏链模型、规划论模型等.

3. 按照建模目的分

有描述模型、分析模型、预报模型、优化模型、决策模型、控制模型等.

4. 按照对模型结构的了解程度分

有所谓白箱模型、灰箱模型、黑箱模型.

5. 按照模型的表现特性又有几种分法

(1)确定性模型和随机性模型取决于是否考虑随机因素的影响. 近年来随着数学的发展,又有所谓突变性模型和模糊性模型.

(2)静态模型和动态模型取决于是否考虑时间因素引起的变化.

(3)线性模型和非线性模型取决于模型的基本关系,如微分方程是否是线性的.

(4)离散模型和连续模型指模型中的变量(主要是时间变量)取为离散还是连续的.

三、建立数学模型的方法和步骤

1. 模型准备

首先要了解问题的实际背景,明确建模目的,搜集必需的各种信息,尽量弄清对象的特征.

2. 模型假设

根据对象的特征和建模目的,对问题进行必要的、合理的简化,用精确的语言作出假设,是建模至关重要的一步.如果对问题的所有因素一概考虑,无疑是一种有勇气但方法欠佳的行为,所以高超的建模者能充分发挥想象力、洞察力和判断力,善于辨别主次,而且为了使处理方法简单,应尽量使问题线性化、均匀化.

3. 模型构成

根据所作的假设分析对象的因果关系,利用对象的内在规律和适当的数学工具,构造各个量间的等式关系或其他数学结构.这时,我们便会进入一个广阔的应用数学天地,这里在高数、概率老人的膝下,有许多可爱的孩子们,它们是图论、排队论、线性规划、对策论等许多许多,真是泱泱大国,别有洞天.不过我们应当牢记,建立数学模型是为了让更多的人明了并能加以应用,因此工具愈简单愈有价值.

4. 模型求解

可以采用解方程、画图形、证明定理、逻辑运算、数值运算等各种传统的和近代的数学方法,特别是计算机技术.一道实际问题的解决往往需要纷繁的计算,许多时候还得将系统运行情况用计算机模拟出来,因此编程和熟悉数学软件包能力便举足轻重.

5. 模型分析

对模型解答进行数学上的分析."横看成岭侧成峰,远近高低各不同",能否对模型结果作出细致精当的分析,决定了你的模型能否达到更高的档次.还要记住,不论哪种情况都需进行误差分析,数据稳定性分析.

四、数学建模论文的撰写

按照目前全国大学生数学建模竞赛规则,论文要求包括以下部分:
(1)问题的提出;
(2)问题的分析;
(3)模型假设;
(4)模型建立;

(5)模型求解;

(6)模型的分析和检验;

(7)模型的优缺点及改进的方向;

(8)参考文献;

(9)附录.详细的结果,详细的数据表格,必要的计算机程序可在此列出.

以上各条,不一定要求全部包括在每一篇论文中,可以根据实际问题减少或增加一些内容,有时也可以将内容相近的几条合并在一起,以便更加简洁地将建模过程用论文表述出来.

9.2 数学建模案例

【案例1】 双层玻璃的功效.

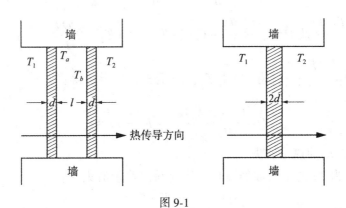

图 9-1

北方城镇的有些建筑物的窗户是双层的,即窗户上装两层厚度为 d 的玻璃夹着一层厚度为 l 的空气,如图所示,据说这样做是为了保暖,即减少室内向室外的热量流失.我们要建立一个模型来描述热量通过窗户的热传导(即流失)过程,并将双层玻璃窗与用同样多材料做成的单层玻璃窗(如图 9-1 所示,玻璃厚度为 $2d$)的热量传导进行对比,对双层玻璃窗能够减少多少热量损失给出定量分析结果.

【解】 (1)模型假设.热量的传播过程只有传导,没有对流.即假定窗户的密封性能很好,两层玻璃之间的空气是不流动的;室内温度 T_1 和室外温度 T_2 保持不变,热传导过程已处于稳定状态,即沿热传导方向,单位时间通过单位面积的热量是常数;玻璃材料均匀,热传导系数是常数.

(2)符号说明.设 T_1 为室内温度,T_2 为室外温度,d 为单层玻璃厚度,l 为两层玻璃之间的空气厚度,T_a 为内层玻璃的外侧温度,T_b 为外层玻璃的内侧温度,k 为热传导系数,Q 为热量损失.

(3)模型建立与求解.

由物理学知道,在上述假设下,热传导过程遵从下面的物理规律:厚度为 d 的均匀介质,两侧温度差为 ΔT,则单位时间由温度高的一侧向温度低的一侧通过单位面积的热量为 Q,与 ΔT 成正比,与 d 成反比,即

$$Q = k\frac{\Delta T}{d} \tag{1}$$

其中 k 为热传导系数.

(4)双层玻璃的热量流失.

记双层窗内窗玻璃的外侧温度为 T_a,外层玻璃的内侧温度为 T_b,玻璃的热传导系数为 k_1,空气的热传导系数为 k_2,由(1)式单位时间单位面积的热量传导(热量流失)为:

$$Q = k_1\frac{T_1 - T_a}{d} = k_2\frac{T_a - T_b}{d} = k_1\frac{T_b - T_2}{d} \tag{2}$$

由 $Q = k_1\dfrac{T_1 - T_a}{d}$ 及 $Q = k_1\dfrac{T_b - T_2}{d}$ 可得 $T_a - T_b = (T_1 - T_2) - 2\dfrac{Qd}{k_1}$

再代入 $Q = k_2\dfrac{T_a - T_b}{d}$ 就将(2)中 T_a、T_b 消去,变形可得:

$$Q = \frac{k_1(T_1 - T_2)}{d(s+2)}, \quad s = h\frac{k_1}{k_2}, \quad h = \frac{l}{d} \tag{3}$$

(5)单层玻璃的热量流失.

对于厚度为 $2d$ 的单层玻璃窗户,容易写出热量流失为:

$$Q' = k_1\frac{T_1 - T_2}{2d} \tag{4}$$

(6)单层玻璃窗和双层玻璃窗热量流失比较.

比较(3)(4)有:

$$\frac{Q}{Q'} = \frac{2}{s+2} \tag{5}$$

显然,$Q < Q'$.

为了获得更具体的结果,我们需要 k_1,k_2 的数据,从有关资料可知,不流通、干燥空气的热传导系数 $k_2 = 2.5 \times 10^{-4}$($J/(cm \cdot s \cdot ℃)$),常用玻璃的热传导系数 $k_1 = 4 \times 10^{-3} \sim 8 \times 10^{-3}$(($J/cm \cdot s \cdot ℃$)),于是

$$\frac{k_1}{k_2} = 16 \sim 32$$

在分析双层玻璃窗比单层玻璃窗可减少多少热量损失时,我们作最保守的估计,即取 $\dfrac{k_1}{k_2} = 16$,由(3)(5)可得:

$$\frac{Q}{Q'} = \frac{1}{8h+1} \quad h = \frac{l}{d} \tag{6}$$

(7) 模型讨论.

比值 Q/Q' 反映了双层玻璃窗在减少热量损失上的功效,它只与 $h=l/d$ 有关,图 9-2 给出了 $Q/Q' \sim h$ 的曲线,当 h 由 0 增加时,Q/Q' 迅速下降,而当 h 超过一定值(比如 $h>4$)后 Q/Q' 下降缓慢,可见 h 不宜选得过大.

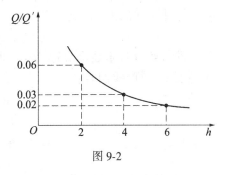

图 9-2

(8) 模型的应用.

这个模型具有一定的应用价值. 制作双层玻璃窗虽然工艺复杂会增加一些费用,但它减少的热量损失却是相当可观的. 通常,建筑规范要求 $h=l/d\approx 4$. 按照这个模型,$Q/Q'\approx 3\%$,即双层玻璃窗比用同样多的玻璃材料制成的单层窗节约热量 97% 左右. 不难发现,之所以有如此高的功效主要是由于层间空气的极低的热传导系数 k_2,而这要求空气是干燥、不流通的. 作为模型假设的这个条件在实际环境下当然不可能完全满足,所以实际上双层玻璃窗的功效会比上述结果差一些.

思考:若将双层玻璃改为三层玻璃,结果会怎样? 若单层玻璃的厚度也是 d,结果又会如何?

【案例 2】 住房贷款问题.

目前,银行个人住房贷款方式主要有两种,一种是等本不等息递减还款法,即每月偿还贷款本金相同,而利息随本金的减少而逐月递减,直至期满还清;另一种是等额本息还款法,即每月以相等的额度平均偿还贷款本金,直至期满还清.

假如你现在为购住房必须向银行申请个人住房贷款 20 万元,并分 30 年还清,你会选择哪一种还款方式呢?

【解】 按照中国人民银行的规定,从 2002 年 2 月 21 日起,贷款期限为 5 年以上的,贷款年利率为 5.04%,那么我们可以计算出,贷款的月利率大约为 4.2‰. 如果按照第一种等本不等息递减还款方法,每月偿还的本金为 $\frac{200000}{30\times 12}=555.56$ 元,而第一个月需还的利息为 $200000\times 0.0042=840$ 元,第一个月总还款额为 1395.56 元;第二个月由于已还本金 555.56 元,需还的利息也相应地减少为 $(200000-555.56)\times 0.0042=837.67$ 元,第二个月总还款额为 1393.23 元,依此类推,每月还款额的公式为

$$a_n = x+[a_0-(n-1)\cdot x]\times 0.0042$$

最后一个月还款额仅为 557.89 元. 可以计算出,按照此种还款方式,累计还款总额为 351620 元,还款总利息为 151620 元.

与每月平均偿还贷款本金的等本不等息递减还款方法不同的是，等额本息还款法需每月以相等的额度平均偿还贷款本息，那么这个相同的额度是多少，应当如何计算呢？

为方便计算，假设贷款本金为 a_0，贷款月利率为 r，第 n 个月后欠款金额为 a_n，每月还款额为 x，显然有

$$a_1 = a_0(1+r) - x \tag{1}$$

即若此月月末还款金额为 x，则第一个月后欠款额为欠款总额 $a_0(1+r)$ 减去已还额度 x. 同理我们有：

$$a_2 = a_1(1+r) - x;$$
$$\vdots$$
$$a_{n-1} = a_{n-2}(1+r) - x \tag{2}$$
$$a_n = a_{n-1}(1+r) - x \tag{3}$$

(2)式与(3)式相减得：

$$a_n - a_{n-1} = (a_{n-1} - a_{n-2})(1+r) \tag{4}$$

此式表示，数列 $\{a_n - a_{n-1}\}$ 是以 $a_1 - a_0$ 为首项，$1+r$ 为公比的等比数列. 由等比数列的通项公式，我们有

$$a_n - a_{n-1} = (a_1 - a_0)(1+r)^{n-1};$$
$$a_{n-1} - a_{n-2} = (a_1 - a_0)(1+r)^{n-2};$$
$$\vdots$$
$$a_1 - a_0 = (a_1 - a_0)(1+r)^0$$

将这 n 个式子相加可得

$$a_n - a_0 = (a_1 - a_0)\frac{1-(1+r)^n}{1-(1+r)} = (a_1 - a_0)\frac{(1+r)^n - 1}{r},$$

故有

$$a_n = a_0 + (a_1 - a_0)\frac{(1+r)^n - 1}{r} \tag{5}$$

假设 n 为还贷的期数，则第 n 个月后贷款已经全部还清，欠款金额应为 0 元，为求出每月的平均还款额度 x，令 $a_n = 0$，并将(1)式代入(5)式，马上可以得到每月还款额的公式为：

$$x = a_0 \cdot r \cdot \frac{(1+r)^n}{(1+r)^n - 1} \tag{6}$$

将本金 $a_0 = 200000$，月利率 $r = 0.0042$ 以及还款期数 $n = 30 \times 12 = 360$ 代入(6)式，马上可以得到利息等额本息还款法还款每月还款额度为 1078.54 元，累计还款总额为 388274.4 元，还款总利息为 188274.8 元.

同样的本金，同样的还款期数，而使用等额本息还款法还款要比用等本不等息递减还款法还款多付 36654.4 元利息！看来贷款买房还是有点学问的，到底采用哪种还款方式合算呢，这要依每个人的还款能力而定，假如你将来打算贷款购房，你会采用哪种还款方式呢？

【案例 3】 崖高的估算.

假如你站在崖顶且身上带着一只具有跑表功能的计算器，你也许会出于好奇想用扔下一块石头听回声的方法来估计山崖的高度，假定你能准确地测定时间，你又怎样来推算山崖的高度呢？

【解】模型一

假设空气阻力不计，可以直接利用自由落体运动的公式

$$h = \frac{1}{2}gt^2$$

来计算. 例如，设 $t=4$ 秒，$g=9.81$ 米/秒^2，则可求得 $h \approx 78.5$ 米.

模型二

若考虑阻力. 除去地球吸引力外，对石块下落影响最大的当属空气阻力. 根据流体力学知识，此时可设空气阻力正比于石块下落的速度，阻力系数 K 为常数，因而，由牛顿第一定律可得

$$F = m\frac{dv}{dt} = mg - Kv \tag{1}$$

令 $k = K/m$，则(1)式可化为

$$\frac{dv}{dt} = g - kv \tag{2}$$

由(2)式的微分方程求解可得

$$v(t) = Ce^{-kt} + \frac{g}{k} \tag{3}$$

将初始条件 $v(0) = 0$ 代入(3)式得，$C = -\frac{g}{k}$。故有

$$v(t) = \frac{g}{k} - \frac{g}{k}e^{-kt} \tag{4}$$

由于 $\frac{dh}{dt} = v$，故对(4)式再积分一次，得

$$h(t) = \frac{g}{k}t + \frac{g}{k^2}e^{-kt} + C_1$$

代入初始条件 $h(0) = 0$，得 $C_1 = -\frac{g}{k^2}$，则计算山崖高度的公式为

$$h(t) = \frac{g}{k}t + \frac{g}{k^2}e^{-kt} - \frac{g}{k^2} = \frac{g}{k}\left(t + \frac{1}{k}e^{-kt}\right) - \frac{g}{k^2} \tag{5}$$

若设 $k = 0.05$，并仍设 $t = 4$ 秒，则可求得 $h \approx 73.6$ 米.

进一步考虑，听到回声再按跑表，计算得到的时间中包含了反应时间，不妨设平均反应时间为 0.1 秒，假如仍设 $t=4$ 秒，扣除反应时间后应为 3.9 秒，代入(5)式得，$h \approx 69.9$ 米.

再深入一步考虑，所算得的时间中还包括了回声传回来所需要的时间，为此，

令石块下落的真实时间为 t_1，声音传回来的时间为 t_2，则得到方程组

$$\begin{cases} h = \dfrac{g}{k}\left(t_1 + \dfrac{1}{k}e^{-kt_1}\right) - \dfrac{g}{k^2} \\ h = 340 t_2 \\ t_1 + t_2 = 3.9 \end{cases}$$

这一方程组是非线性的，求解不太容易，由于只是要给出山崖的估算值，我们可用如下方法进行估算：因为相对于石块的速度，声音的速度要快得多，我们可用 (5) 式先求得 h，令 $t_2 = \dfrac{h}{340}$，则石块下落时间 $t_1 \approx t - t_2$，将 t_1 代入 (5) 式再计算 h，得出崖高的近似值。例如，若 $h \approx 69.9$ 米，则 $t_2 \approx 0.21$ 秒，故 $t_1 \approx 3.69$ 秒，求得 $h \approx 62.3$ 米。

【案例 4】 不允许缺货的模型。

存储论起源于银行业，主要是为了把握每天应保持多少库存现金，才能使前来提取现款的人，既不致发生因现金储备量过少，而出现不能兑现的情况，也不致发生因现金储备量过多而形成资金积压造成损失的情况。在经济市场中，也普遍存在类似的情况。

已知某工厂装配线能够生产若干种不同的产品，每轮换一次产品，生产线都需要更换一些必要的设备，为此，要付出一定量的生产准备费用。当某种产品的产量大于实际的销售量（需求）时，工厂就将多生产出的产品就地存储起来，为此要付出存储费用。如果该工厂的生产能力是比较大的，即实际中对于需要的产品数量可在较短时间内生产出来，满足市场的需求。已知某产品日需求量为 100 件，相应的生产准备费为 5000 元，存储费用每日每件为 1 元。试为该工厂安排该产品的生产计划，即多少天生产一次（生产周期），每次的生产量是多少，使总费用最小？

【解】 1. 问题的分析与假设。

根据这个实际问题，不难知道，如果该产品的生产周期短、产量小，则存储费用就少，但生产的准备费用就会多；相反地，如果该产品的生产周期长、产量大，则存储费用就会多，但生产的准备费用会减少。这里一定存在一个最佳的生产周期和生产产量，使得总费用（二者之和）最小的生产方案。所以，该问题就是要建立生产周期、产量与需求量、准备费和存储费用之间的关系。为了解决这个问题，我们给出以下假设：

(1) 该产品每天的产量记为常数 r；

(2) 每次生产准备费用为 c_1，每天每件产品存储费用 c_2；

(3) T 天生产一次（即为生产周期），每次生产 Q 件，当存储量为零时，立即安排生产 Q 件产品来保证需求。这里不考虑生产时间，因为生产时间是一个生产效率问题；

(4) 为了方便起见，时间和产量都视为连续变量。

2. 模型的建立与求解.

把产品的存储量表示为时间 t 的函数 $q(t)$，在 $t=0$ 时，安排生产 Q 件，即 $q(0)=Q$. 实际上 $q(t)$ 以需求速率 r 递减，而且 $q(T)=0$. 生产周期 T、每一生产周期的产量 Q 与每一天的产量 r 之间满足下列关系：

$$Q = rT$$

$q(t)$ 的变化规律如图 9-3 所示.

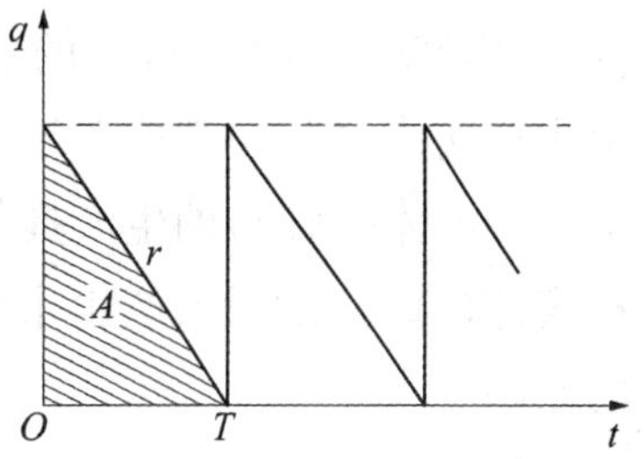

考察一个存储周期的总费用：$c_2 \int_0^T q(t)\,\mathrm{d}t$，其积分恰好等于图 9-3 中的三角形的面积 A，显然 $A = \frac{1}{2}QT$. 因此，一个生产周期 T 内的总费用为

$$\overline{C} = c_1 + c_2 A = c_1 + \frac{1}{2} c_2 r T^2.$$

图 9-3

这个问题的总费用不能是一个周期的总费用 $\overline{C}$，而应是每天的平均费用，记作 $C(T)$，于是有

$$C(T) = \frac{\overline{C}}{T} = \frac{c_1}{T} + \frac{1}{2} c_2 r T.$$

制订这个问题最优的存储方案，可以归结为求解合适的生产周期 T 使 $C(T)$ 有最小值，即为求费用函数 $C(T)$ 的最小值问题.

利用微分法，令 $\dfrac{\mathrm{d}C}{\mathrm{d}T}=0$，不难求得 $T = \sqrt{\dfrac{2c_1}{rc_2}}$，所以有

$$Q = r\sqrt{\frac{2c_1}{rc_2}} = \sqrt{\frac{2c_1 r}{c_2}}. \tag{1}$$

这是经济理论中著名的经济订货批量公式（EOQ 公式）.

由(1)式表明，生产准备费 c_1 越高，产品每天的产量 r 就应越大，每一个周期的生产量 Q 也就越大；若存储费 c_2 越高，则每一生产周期的产量 Q 应越小. 这些关系当然是符合实际的.

对于具体的问题而言，即当生产准备费用 $c_1=5000$ 元，单日每件的存储费 $c_2=1$ 元，每天的需求量 $r=100$ 件时，则生产周期 $T=10$ 天，每个周期的产量为 $Q=1000$ 件，所需要的最小费用为 $C=1000$ 元.

3. 模型的结果分析与推广

该模型讨论了工厂的生产与存储问题，并且给出了指导性方案. 同时，该模型还可用于订货、供应与存储等类似的问题. 如果每天需求量 r，每次订货费 c_1，每天单位货物的存储费用为 c_2，T 天订货一次（周期），每次订货量为 Q，当存储量降到零时，货物量 Q 立即到货. 则 $T = \sqrt{\dfrac{2c_1}{rc_2}}$，$Q = rT = \sqrt{\dfrac{2c_1 r}{c_2}}$，这就是不允许缺货的存

储模型.

如果允许缺货,缺货时因失去销售机会而使利润减少,减少的利润可以视为因缺货而付出的费用,称为缺货费.

【案例5】 投入产出模型.

在现实生活中,社会的各个生产实体(部门)之间都存在某种关联关系.每一个生产实体(部门)都依赖于其他生产实体(部门)的产品或半成品,同时它也为其他生产实体(部门)的生产提供一定的条件.如何在特定的经济形势下,确定各生产实体(部门)的投入产出水平,以及满足整个社会的生产需求,这是一个很重要的问题.

【解】 1. 模型的分析与假设

投入产出模型是一类宏观经济管理的数学模型,实际中是将经济系统归并为若干个较大的生产实体或部门,每个部门生产的产品综合为一种产品.即问题是基于如下的假设:

(1) 经济系统被划分为若干个生产实体或部门,每个部门生产一种产品;

(2) 每个生产部门将其他部门的产品(原材料)经过再加工生产形成本部门的产品.在这一个过程中,消耗其他部门的材料称为"投入",生产的本部门产品称为"产出".

依据上述假设,在一个数学模型中有多少个部门就有多少种产品,它们是一一对应的.投入产出模型由投入产出表(或称平衡表)与平衡方程构成,按计量单位分为价值型和实物型.在这里只介绍价值型投入产出表,它以年度为编制单位,规模可以是一个国家,也可以是某个地区或企业.

2. 模型的建立与求解.

下面针对一个企业的经济系统,可划分为三个生产部门的简单情形来建立投入产出模型.每个部门直接出售一部分产品给公众,称为最终需求(公众需求),将另外一部分产品出售给另外两部门作为投入做深加工生产.各部门的投入和产出如表9-1所示.

表9-1　　　　　　　　　　　三部门间的投入产出表

产出/投入	部门一	部门二	部门三	公众需求	总产出
部门一	20	20	30	30	100
部门二	30	20	50	100	200
部门三	20	40	20	80	160

表 9-1 中数字表示产值,单位为万元. 第一行表示部门的总产值为 100 万元,其中 20 万元产值用于部门一自身,20 万元和 30 万元产品分别用于部门二和部门三,还有 30 万元用于满足公众需求. 第一列表示部门一为了生产 100 万元的产品需投入本部门 20 万元,30 万元投入在部门二,20 万元投入在部门三. 其他的依次类推.

为了便于计算,引入下列矩阵向量:

$$A = (a_{ij}) = \begin{bmatrix} 20 & 20 & 30 \\ 30 & 20 & 50 \\ 20 & 40 & 20 \end{bmatrix}, \quad d = \begin{bmatrix} d_1 \\ d_2 \\ d_3 \end{bmatrix} = \begin{bmatrix} 30 \\ 100 \\ 80 \end{bmatrix}, \quad x = \begin{bmatrix} x_1 \\ x_2 \\ x_3 \end{bmatrix} = \begin{bmatrix} 100 \\ 200 \\ 160 \end{bmatrix}$$

称 A 为投入产出矩阵,d 为最终需求向量,x 为总产出向量,则有

$$a_{i1} + a_{i2} + a_{i3} + d_i = x_i, \quad i = 1, 2, 3.$$

引入矩阵

$$T = (t_{ij}), \quad t_{ij} = \frac{a_{ij}}{x_j} (i, j = 1, 2, 3).$$

它的第一列表示 100 万元的产品,需要 t_{11} 的部门一的投入,需要 t_{21} 的部门投入和 t_{31} 的部门投入. 其余各列可以类似解释. 称 t_{ij} 为直接消耗系数,称 T 为直接消耗系数矩阵. 直接消耗系数在短期内变化不大,于是 T 可视作已知的常数矩阵. 将 t_{ij} 代入方程

$$a_{i1} + a_{i2} + a_{i3} + d_i = x_i, \quad i = 1, 2, 3$$

中可得

$$\begin{cases} t_{11}x_1 + t_{12}x_2 + t_{13}x_3 + d_1 = x_1, \\ t_{21}x_1 + t_{22}x_2 + t_{23}x_3 + d_2 = x_2, \\ t_{31}x_1 + t_{32}x_2 + t_{33}x_3 + d_3 = x_3. \end{cases}$$

写成矩阵的形式有

$$Tx + d = x$$

或

$$(E - T)x = d. \tag{1}$$

(1)式就是投入产出模型,其中 E 是三阶单位矩阵.

对于表 9-1 中的数据,则有

$$T = \begin{bmatrix} 0.2 & 0.2 & 0.3 \\ 0.15 & 0.1 & 0.25 \\ 0.125 & 0.25 & 0.125 \end{bmatrix},$$

于是

$$E-T = \begin{bmatrix} 0.8 & -0.2 & -0.3 \\ -0.15 & 0.9 & -0.25 \\ -0.125 & -0.25 & 0.875 \end{bmatrix}.$$

3. 模型的结果与推广.

在实际生产管理中,经常出现这样的问题:若直接消耗保持不变,根据确定的社会最终需求,如何确定各部门的总产出?或社会总需求发生改变,相应的总产出应如何改变?为解决这些问题,需要对线性方程组(1)进行分析求解.若对任何的社会总需求 d (每个元素均为非负值),方程组(1)总有非负解 x,就称此投入产出模型表示的经济系统是可行的.由此,对于上面的矩阵 $E-T$,可求出逆矩阵为

$$(E-T)^{-1} = \begin{bmatrix} 1.4428 & 0.4975 & 0.6368 \\ 0.3234 & 1.3184 & 0.4876 \\ 0.2985 & 0.4478 & 1.3731 \end{bmatrix}$$

其元素全部非负值.因此,对任意的社会最终需求向量 d,可解出总产量

$$x = (E-T)^{-1}d \tag{2}$$

的元素也全部为非负值,即此经济系统是可行的.

于是对表9-1中的相关数据,当最终需求向量为 $d = (30 \quad 100 \quad 80)^T$,则可以求出总产出向量为

$$x = (E-T)^{-1}d = (143.98 \quad 180.55 \quad 163.58)^T.$$

若对部门一的社会最终需求增至100万元,其余需求不变,即新的社会总需求量改变为

$$\bar{d} = (100 \quad 100 \quad 80)^T,$$

对应的总产出向量为

$$x = (E-T)^{-1}\bar{d} = (244.98 \quad 203.18 \quad 184.48)^T.$$

由此可见,各个部门的产出必须都增加,但部门一的更为显著.

【案例6】 一维下料问题.

某公司因为生产的需要,现需要加工制作100套工架,根据工架的加工要求,每套工架分别需要用长为2.9m,2.1m和1.5m的圆钢各一根.已知现有的原材料长7.4m,为降低成本费用,请帮助建模分析,该公司应如何下料使得所用的原材料最省?

【解】 1. 模型的分析与假设.

由问题可知,如果有每一根原材料上各截取2.9m,2.1m和1.5m的钢料各一根做成一套工架,每根原材料剩下料头0.9m,要完成100套工架,就需要用100根原材料,共剩余90m料头.显然这种做法是很浪费的.为了节省原材料,现在考虑合理组合下料方案,经分析可知,可能的组合下料方案共有6种,如表9-2所示.

表 9-2　　　　　　　　　　　　　　下 料 方 案

下料根数＼方案＼料长	Ⅰ	Ⅱ	Ⅲ	Ⅳ	Ⅴ	Ⅵ
2.9	1	2	0	1	0	1
2.1	0	0	2	2	1	1
1.5	3	1	2	0	3	1
合计	7.4	7.3	7.2	7.1	6.6	6.5
料头	0	0.1	0.2	0.3	0.8	0.9

设 x_i 为选用方案 i 下料的原材料,其中 $i=$ Ⅰ,Ⅱ,Ⅲ,Ⅳ,Ⅴ,Ⅵ.

2. 根据上面的分析,要求完成 100 套工架的下料任务,所用的原材料最省,也就是余下的料头总和最少.于是,可以建立优化模型如下:

$$\min z = 0x_1 + 0.1x_2 + 0.2x_3 + 0.3x_4 + 0.8x_5 + 0.9x_6$$

$$\text{s.t.} \begin{cases} x_1 + 2x_2 + x_4 + x_6 = 100, \\ 2x_3 + 2x_4 + x_5 + x_6 = 100, \\ 3x_1 + x_2 + 2x_3 + x_6 = 100, \\ x_1, x_2, x_3, x_4, x_5, x_6 \geq 0. \end{cases}$$

上述问题属于最优化问题,它的优化模型具有以下的共同特点:

(1) 有决策变量,即该问题要求解的那些未知量,不妨用 n 维向量 $X = (x_1 \ x_2 \ \cdots \ x_n)^T$ 表示;

(2) 有一定的约束条件,这些约束条件可以用一组线性等式或线性不等式表示;

(3) 有一个目标函数,这个目标函数可以表示为决策变量的线性函数.

这类问题称为线性规划问题,相对应的优化模型称为线性规划模型.

【案例 7】 水果店的合理进货模型.

某时令水果店每售出 1 百千克水果,可以获得利润 250 元,若当天进货不能出售出去,则每一百千克将损失 325 元,该水果店根据预测分析,每天的需求量和对应的概率值如表 9-3 所示.

表 9-3　　　　　　　　　时令水果店水果需求量的概率值

水果需求量/百千克	0	1	2	3	4	5	6	7	8
相应的概率值	0.05	0.1	0.1	0.25	0.2	0.15	0.05	0.05	0.05

在这样的需求结构下,水果店主希望知道,他应该每天进多少水果才能够获得最大的利润?请你帮助建模分析这个问题.

1. 问题的分析与假设.

该问题为一个随机存储问题,要研究这类随机存储问题,主要是按平均进货量(即数学期望)准则来讨论.首先给出如下的假设:

(1)当不满足需求,即缺货时,店主没有任何损失,即不考虑缺货所带来的损失.

(2)水果店的纯利润 η 为卖出水果后所获利润与因未卖出的水果所带来的损失部分之差.

2. 模型的建立与求解.

利用概率知识及经济学中边际分析的方法,综合分析讨论这个问题.

根据表 9-3 所给需求量的概率分布值,不妨记需求量为随机变量 ξ,则需求量的期望值为

$E(\xi) = 0 \times 0.05 + 1 \times 0.1 + 2 \times 0.1 + 3 \times 0.25 + 4 \times 0.2 + 5 \times 0.15 + 6 \times 0.05 + 7 \times 0.05 + 8 \times 0.05 = 3.65$.

这就说明,人们对水果的需求量大致在 3.65 百千克左右变化.在这样的情况下,基本可以确定该水果店的进货量应在 2 百千克至 4 百千克之间比较合适.当然,这只是直观的推测,我们先对 2 百千克、3 百千克和 4 百千克这三个数字进行计划分析,如果得不到最优结果,则可以再进一步考虑其他情况.

(1)水果店每天进货量为 2 百千克情况.由于该水果店每售出一百千克水果,能够获得利润 250 元;若不能出售时每百千克损失 325 元.此时可以计算出对应于需求量的纯利润如表 9-4 所示.

表 9-4　　　　　　　　　进货 2 百千克时的需求量与纯利润

需求量	0	1	2	3	4	5	6	7	8
纯利润	-650	-75	500	500	500	500	500	500	500

水果店纯利润的期望值为

$E(\eta) = 0.05 \times (-650) + 0.1 \times (-75) + 0.1 \times 500 + 0.25 \times 500 + 0.2 \times 500 + 0.15 \times 500 + 0.05 \times 500 + 0.05 \times 500 + 0.05 \times 500 = 385$(元).

(2)水果店进货量为 3 百千克时的情况.相应的需求量与对应的纯利润计算结果如表 9-5 所示.

表 9-5　　　　　　　　　进货 3 百千克时的需求量与纯利润

需求量	0	1	2	3	4	5	6	7	8
纯利润	-975	-400	175	750	750	750	750	750	750

水果店纯利润的期望值为

$E(\eta) = 0.05 \times (-975) + 0.1 \times (-400) + 0.1 \times 175 + 0.25 \times 750 + 0.2 \times 750 + 0.15 \times 750 + 0.05 \times 750 + 0.05 \times 750 + 0.05 \times 750 = 491.25(元)$.

(3) 水果店进货量为 4 百千克情况. 相应的需求量与对应的纯利润计算结果如表 9-6 所示.

表 9-6　　　　　　　　进货 4 百千克时的需求量与纯利润

需求量	0	1	2	3	4	5	6	7	8
纯利润	−1300	−725	−150	425	1000	1000	1000	1000	1000

水果店纯利润的期望值为

$E(\eta) = 0.05 \times (-1300) + 0.1 \times (-725) + 0.1 \times (-150) + 0.25 \times 425 + 0.2 \times 1000 + 0.15 \times 1000 + 0.05 \times 1000 + 0.05 \times 1000 + 0.05 \times 1000 = 453.75(元)$.

由此可见，该水果店每天的水果进货量为 3 百千克时相对获得利润较大，那么是否 3 百千克的进货量一定就是最好的呢? 下面需要做进一步的分析讨论.

在这里，我们引入边际分析方法来进行讨论，边际分析方法是西方经济学中最基本的分析方法之一.

通过已知信息，我们来判定水果店每增加 1 百千克的进货量，所带来的利润或损失，进而判断进货量的合理性. 如果水果店现已有 n 百千克水果，那么再进 1 百千克水果，从而就存有 $n+1$ 百千克水果. 下面分析其利润的变化情况.

首先给出以下两个概念：

边际利润 (Marginal Profit): 由所增加的 1 个单位水果带来的纯利润，记为 MP.

边际损失 (Marginal Loss): 由所增加的 1 个单位水果所导致的损失，记为 ML.

显然，当 $MP \cdot P(\xi \geq n+1) \geq ML \cdot (1 - P(\xi \geq n+1))$ 时，增加 1 单位 (即 1 百千克) 水果是划算的. 即相应的概率为

$$P(\xi \geq n+1) \geq \frac{ML}{ML+MP}.$$

又在该问题中，由 $ML = 325$，$MP = 250$，从而有

$$P(\xi \geq n+1) \geq \frac{325}{325+250} \approx 0.5652.$$

由此可见，当销售概率大于 0.5652 时，水果店应再增加 1 百千克水果的进货量才是划算的. 从已知的需求量与对应概率值的关系，可得

$P(\xi \geq 8) = 0.05$,

$P(\xi \geq 7) = 0.05 + 0.05 = 0.1$,

$P(\xi \geq 6) = 0.05 + 0.05 + 0.05 = 0.15$,

$P(\xi \geqslant 5) = 0.15 + P(\xi \geqslant 6) = 0.15 + 0.15 = 0.3$,
$P(\xi \geqslant 4) = P(\xi \geqslant 5) + P(\xi = 4) = 0.3 + 0.2 = 0.5$,
$P(\xi \geqslant 3) = P(\xi \geqslant 4) + P(\xi = 3) = 0.5 + 0.25 = 0.75$.

综上所述,该水果店的需求量大于等于4百千克的概率小于0.5652,而需求量大于等于3百千克的概率大于0.5652,从而进货量应为3百千克为好.

上述的方法即为边际分析法,解决问题的基本步骤如下:

(1)确定边际损失 ML 和边际利润 MP;

(2)计算比值 $P = \dfrac{ML}{ML + MP}$;

(3)从已知概率分布中确定需求量的上界,依次逐个计算累计概率,当累计概率超过 P 值时停止,相应的需求量就是应持有的最优值.

3. 模型的结果分析与推广.

下面考虑更为一般的情况.假设水果店每天购进量为 n,因为需求量 ξ 是随机的,ξ 可以小于 n、等于 n 或大于 n,这就导致店主每天的收入也是随机的,所以目标函数不应是每天的收入,而应是其日平均收入,即为水果店每天收入的期望值.

若记水果店每天购进 n 百千克水果的平均收入为 $G(n)$,需求量为 r 的概率为 $p(r)$,于是有

$$G(n) = \sum_{r=0}^{n} [250r - 325(n-r)]p(r) + \sum_{r=n+1}^{\infty} 250n p(r),$$

这样问题就归结为求使日平均收入函数 $G(n)$ 的最大值问题.

将该问题中的相关参数值代入,求解可得当 $n = 3$(百千克)时,则有最大值 $G(3)$,即每天进货3百千克水果可使水果店获得最大利润.

该问题属于一个存储问题,在现实生活中会经常遇到这类问题,如商店的进货与存储问题,以支持经营活动;城市水库需要一定数量的储水以保障旱季居民的用水需要;工厂需要一定数量零配件以维持机器设备的正常运转等问题.由于这类问题的需求量都具有某种随机性,这类存储问题统称为随机存储问题,其研究方法有一定的共性,都可以借鉴.

附录　部分中外知名数学家简介

下面介绍本教材涉及的数学家及部分有关中外著名数学家的史料或简介.

1. 狄利克雷(Dirichlet, 1805—1859)

狄利克雷是德国数学家, 生于迪伦, 曾在科隆大学、哥廷根大学和巴黎大学学习过。1831 年任柏林大学副教授, 后任教授, 并先后当选为英国皇家学会会员、法国科学院院士和柏林科学院院士. 狄利克雷的贡献涉及数学的各个方面, 其中以数论、分析和位势论最著名. 他是解析数论的创始人. 在数论中, 他创造了狄利克雷级数; 在位势论中, 他论及关于调和级数的狄利克雷问题; 在三角级数论方面, 他给出了关于三角级数收敛的狄利克雷条件. 数学中的一些概念和原理等都与狄利克雷的名字联系在一起.

2. 费马(Pierre de Fermat, 1601—1665)

费马生于法国南部的波蒙(Beaumont), 他是地方议会的议员, 是一个业余的数学家, 快 30 岁时他才认真注意数学, 在数论、解析几何、概率论三方面都有重要贡献. 在笛卡儿《几何学》出版之前, 他就有了解析几何的思想, 与笛卡儿一样, 提出用方程来表示曲线, 并通过对方程的研究来推断曲线的性质. 费马写过关于解析几何的小文, 但直到 1679 年才发表出来. 但他在 1629 年已发现了坐标几何的基本原理, 这比笛卡儿发表《几何学》的年代 1637 还早. 笛卡儿当时已完全知道费马的许多发现, 但否认他的思想是从费马那里来的. 在费马的文章中, 方程 $y=mx$, $xy=k^2$, $x^2+y^2=a^2$, $x^2 \pm a^2 y^2 = b^2$ 已被指明为直线和圆锥曲线.

费马在 1639 年发现求极大、极小值的方法, 还将无穷小思想应用到求积分问题上, 这是微积分的先声.

费马提出的两个定理被后人称为小定理和大定理, 后者又被人称为最后定理. 小定理是说: 若 p 是个质数, 而 a 与 p 互质, 则 $a^p - a$ 能为 p 整除. 大定理说: 对 $n>2$, $x^n + y^n = z^n$ 不可能有整数解. 费马本人似乎并未证明, 或者说他的证明从未被人找到过, 而以后上百名优秀的数学家都未能给予证明.

费马提出过数论方面的许多定理, 但只对一个定理作出了证明, 而且这证明也只是略述大意. 18 世纪许多出色的数学家都曾努力想证明他所提出的结果, 这些结果只有一个被证明是错的(列出一个对各种 n 值都能得出质数的公式, 如今不难证明: 除非 m 是 2 的乘幂, $2^m + 1$ 不可能是个质数). 费马无疑是伟大的直观天才.

3. 罗尔(M. Rolle, 1652—1719)

罗尔, 法国数学家, 出身于小店主家庭, 只受过初等教育, 他利用业余时间刻苦自学代数与丢番图(Diophantus,希腊,246—330)的著作,并很有心得.1682年他解决了数学家奥托南(Ozanam)提出的一个数学难题,从此名声大振,从1685年开始进入法国科学院工作.

罗尔在数学上的主要成就在代数方面,专长于丢番图方程的研究.1690年他的专著《代数学讲义》问世,在这本书中他论述了仿射方程组,提出了方程组的消元法,研究了有关最大公约数的某些问题.1691年他发表了《任意一次方程的一个解法的证明》,并指出:在多项式方程$f(x)=0$的两个相邻实根之间,方程$f'(x)=0$至少有一根.但他没有给出证明.这个定理本来和微分学无关,因为当时罗尔还是微积分的怀疑者和极力反对者,他拒绝使用微积分.但在一百多年之后即1846年尤斯托·伯拉维提斯(Giusto Bellaritis)将这一定理推广到可微函数,即如果$f(x)$在$[a,b]$上连续,且在这个区间内部$f'(x)$存在,又$f(a)=f(b)$,则在$[a,b]$内至少有一点c,使$f(c)=0$,并将此定理命名为罗尔定理.

此外,罗尔还研究并得到了与现在相一致的实数集序的观念,促成了目前所采用的负数大小顺序性的建立,还设计并提出了一个数a的n次方根的符号$\sqrt[n]{a}$.这个符号也一直沿用至今.

4. 拉格朗日(Joseph Louis Lagrange,1736—1813)

拉格朗日是稍后于欧拉的大数学家,19岁起与欧拉通信,探讨"等周问题",奠定了变分法的基础.拉格朗日在1764年解决了法国科学院提出的月球天平动问题,并得奖.当科学院提出一个比达朗贝尔、欧拉研究过的三体问题更为困难的木星四卫星的问题时,拉格朗日用近似解法克服了困难,得出结果,于1766年再次获奖.在这些问题中他大量使用了微分方程的理论.

拉格朗日在早期的著作中对级数收敛与发散的区别是不清楚的.如他在一篇文章中说,如果一个级数收敛到它的尽头,即如果它的第n项趋向于0的话,这个级数将表示一个数.又如级数$1-1+1-1+\cdots$的和为$\frac{1}{2}$也为拉格朗日所接受.后来,18世纪末,当他研究Taylor(泰勒)级数时,他给出了我们今天所谓的泰勒定理,即

$$f(x+h)=f(x)+f'(x)h+\cdots+f^n(x)\cdot\frac{h^n}{n!}+R_n,$$

其中$R_n=f^{(n+1)}(x+\theta h)\frac{h^{n+1}}{(n+1)!}$,而$\theta$值在0与1之间,这个余项就是有名的拉格朗日形式.他说泰勒级数不考虑余项是一定不能用的!然而,他并没有研究收敛性的概念,或者余项的值与无穷级数的关系.收敛性后来由柯西(Cauchy)加以研究.

拉格朗日在柏林的20年间,完成了牛顿以后最伟大的经典力学著作《分析力学》.这本书他从19岁起便开始酝酿,经时33年而完成,出版时他已52岁.这本不朽的著作建立了优美而和谐的力学体系.

法国资产阶级大革命期间(1789年开始),革命政府一度下令将所有外国人驱

逐出境，但特别声明拉格朗日是这法令的例外，由此可见当时人们对拉格朗日的尊崇．

晚年他完成了分析巨著《解析函数论》和《函数计算讲义》．他曾企图抛弃自牛顿以来模糊不清的无穷小概念，想从级数建立起全部的分析学，以为这样可以克服极限理论的困难．可是无穷级数的收敛问题仍逃避不了极限问题，《解析函数论》在这方面没有成功，但书中对函数的抽象处理，却可以说是实变函数论的起点．

5. 柯西(Augustin Louis Cauchy，1789—1857)

柯西是历史上少有的大分析学家，1805年考入理工科大学学习工程．由于他的健康状况很差，拉格朗日和拉普拉斯就劝他献身于数学．在他幼年时，拉格朗日、拉普拉斯常和他父亲来往，曾预言柯西日后必成大器，事实果然如此．在数学方面他一生写的论文超过700篇．一生中他最大贡献之一是在微积分中引进严格的方法．柯西在1816年27岁时成为教授．柯西的贡献遍及数学各个领域，特别在级数、微分方程、数论、复变函数、行列式和群论、天文、光学、弹性力学等方面都留下了大量的论文．他的全集有26卷，在数量上仅次于欧拉，1821年出版了《分析教程》，以后又出版了《无穷小计算讲义》和《无穷小计算在几何中的应用》．这几部著作具有划时代的意义，其中给出了分析学一系列基本概念的严格定义．柯西的极限定义至今还普遍沿用着．

我们知道17—18世纪数学家对级数的收敛性不是很注意，但进入19世纪后不少数学家如阿贝尔、波尔察诺、柯西和高斯都指出，要在数学中合理地使用无穷级数，必须先给出无穷级数收敛性的定义和判别法．柯西是奠定无穷级数收敛性理论的主要人员，并且对当代数学产生了广泛的影响．柯西的无穷级数收敛性定义与现在一样，是用级数的部分和 s_n 当 $n\to\infty$ 时极限存在与否来定义的．

如上所述，柯西虽然用极限的概念给出微积分概念的一般形式，但还不能说十分严格．在他的叙述中，仍有一些语句需要作进一步解释，如"无限地趋近""要怎样小就怎样小"等．再则，在柯西的叙述中，还有一些细小的逻辑缺陷，其中之一是对无穷集合的概念欠明确．另一个明显的缺陷是对最基本概念——数略去明确定义．后来波尔察诺、魏尔斯特拉斯等解决了上述的一些缺陷．

6. 洛必达(G. F. A. L'Hospital，1661—1704)

洛必达，法国数学家，出身于法国贵族家庭，很早即显示出数学才华，15岁时就解决了帕斯卡所提出的一个摆线难题．他是约翰·伯努利的高足，是莱布尼茨微积分的忠实信徒，法国科学院院士．

洛必达最大的功绩是1696年撰写和出版了世界上第一本系统的微积分教程《阐明曲线的无穷小分析》．这部著作后来多次修订再版，为在欧洲大陆，特别是在法国普及微积分起了重要作用．这本书追随欧几里得和阿基米德古典范例，以定义和公理为出发点，给出了微分运算的基本法则和例子，确定了曲线在给定点处斜率的一般方法，讨论了极大、极小问题，还引入了高阶微分．特别值得指出的是，在这部书的第九章中洛必达提出了求分子分母同趋于零的分式极限的法则,即所谓"洛必达法则":如果$f(x)$和$g(x)$是可微函数,且$f(a)=g(a)=0$,则$\lim_{x \to a} \frac{f(x)}{g(x)} = \lim_{x \to a} \frac{f'(x)}{g'(x)}$.当然,须在右端的极限存在或为∞的情况下.只不过当时洛必达的论证没有使用函数的符号,是用文字叙述的,这个法则实际上是他的老师约翰·伯努利在1694年7月22日写信告诉他的.现在一般微积分教材上用来解决其他未定式极限的法则,是后人对洛必达法则所作的推广.例如,求未定式$\frac{\infty}{\infty}$,$\infty - \infty$的法则就是后来欧拉(Euler)给出的,但现在都笼统地叫做"洛必达法则".

洛必达还写过一本关于圆锥曲线的书——《圆锥曲线分析论》.

洛必达豁达大度,气宇不凡,与当时欧洲各国的主要数学家都有交往,从而成为全欧传播微积分的著名人物.

7. 牛顿(Isacc Newton, 1642—1727)

艾萨克·牛顿于1642年12月25日出生在英国林肯郡的一个普通农民家庭,1727年3月20日,卒于英国伦敦,死后安葬在威斯敏斯特大教堂内,与英国的英雄们安息在一起.墓志铭的最后一句是:"他是人类的真正骄傲".当时法国大文豪伏尔泰正在英国访问,他不胜感慨地评论说,英国纪念一位科学家就像其他国家纪念国王一样隆重.

牛顿是世界著名的数学家、物理学家、天文学家,是自然科学界崇拜的偶像.单就数学方面的成就,就使他与古希腊的阿基米德、德国的"数学王子"高斯一起,被称为世界三大数学家.

牛顿将毕生的精力献身于数学和科学事业,为人类作出了卓越贡献,赢得了崇高的地位和荣誉.1669年,即27岁时,他写出了第一部重要著作——《运用无穷多项方程的分析学》,首次披露了流数术和反流数术(即后来所称的微分和积分).虽两年后才公开出版,但他的导师巴罗(Barrow,英国,1630—1677)已从牛顿的手稿中窥视到数学的新纪元,毅然举荐牛顿接替了由他担任的"路卡斯教授"职位.1672年,牛顿设计、制造了反射望远镜,并因此被选为皇家学会会员.1688年,他被推选为国会议员.1697年,他发表了不朽之作《自然哲学的数学原理》.1699年他任英国造币厂厂长.1703年他当选为英国皇家学会会长,以后连选连任,直至逝世为止.1705年他被英国女王封为爵士.莱布尼茨说:"在从世界开始到牛顿生活的年代的全部数学中,牛顿的工作超过一半."

牛顿登上了科学的巅峰,并开辟了以后科学发展的道路.他成功的因素是多方面的,但主要因素有三个.

首先,时代的呼唤是牛顿成功的第一个因素.牛顿降生的那一年,正是伽利略被宗教迫害致死的那一年.他的青少年时期仍是新兴的资本主义与衰落的封建主义殊死搏斗的时期．当时在数学和自然科学方面已积累了大量丰富的资料，到了由积累到综合的关键时刻．伽利略发现了落体运动，开普勒研究了行星运动，费马的极大极小值(1637)，笛卡儿的坐标几何(1637)等大量成果，都是牛顿培育科学的沃土良壤．牛顿是集群英之大成的能手．他曾写道："我之所以比笛卡儿等人看得远些，是因为我站在巨人的肩膀上．"

其次，牛顿惊人的毅力，超凡的献身精神，实事求是的科学态度，殚精竭虑的缜密思考，以及谦虚的美德等优秀品质，是他成功的决定性因素．

牛顿是一个不足月的遗腹子，三岁时母亲改嫁，他被寄养在贫穷的外婆家，自小未曾显露出神童般的才华和超常的禀赋．上小学时他对学习不感兴趣，爱制作小玩具，学业平庸，时常受到老师的批评、同学的欺负．但上中学后，随着年岁渐长，不甘遭受同学白眼，加之由制作小玩具发展到制作水车、风车、水钟、日晷等实用器物，受到师生的好评．他对自然科学产生了浓厚兴趣，并立志要报考名牌大学，从而发奋读书，学习成绩突飞猛进．小牛顿曾与一位青梅竹马的漂亮女孩卿卿我我，但权衡爱情与事业，还是下决心选择了充满荆棘的科学险途．为此，他抛弃了"世俗的冠冕"，去摘取"光荣的桂冠"以至于终身未娶．

1661年，牛顿如愿以偿，以优异的成绩考入久负盛名的剑桥大学三一学院，开始了苦读生涯．临近毕业时，不幸鼠疫蔓延，大学关门，牛顿负笈返里，一住两年．这两年是牛顿呕心沥血的两年，也是他辉煌一生踌躇峥嵘的两年．他研究了流数术和反流数术，用三棱镜分解出七色彩虹，由苹果落地发现了万有引力定律；他进行科学实验和研究到了如痴如狂的地步，废寝忘食，夜以继日．有人说："科学史上没有别的成功的例子可以和牛顿这两年黄金岁月相比．"

1667年他返回剑桥大学，相继获得学士学位和硕士学位，并留校任教，他艰苦奋斗，三十多岁就白发满头．牛顿矢志科学的故事脍炙人口，广为流传．比如有一次煮鸡蛋，捞出的却是怀表．1685年写传世之作《自然哲学的数学原理》的那些日子里，他很少在深夜两三点钟以前睡觉，一天只睡五六个小时．有时梦醒后，披上衣服就伏案疾书。有一次朋友来访，摆好饭菜，等不到牛顿就餐，客人只好独酌独饮，待牛顿饥饿去用餐时，发现饭菜已经用完，才顿时"醒悟"过来，自言自语道："我还以为我没有吃饭，原来是我搞错了．"说完又转身回到实验室．

牛顿并不只是苦行僧式的刻苦，更重要的是他有敏锐的悟性、深邃的思考、创造性的才能，以及"一切不凭臆造"、反复进行实验的务实精神．他曾说，"我的成功当归于精心的思索"，"没有大胆的猜想就做不出伟大的发现"．

牛顿一生功绩卓著，成绩斐然，但他自己却很谦虚，临终时留下了这样一段遗言："我不知道世人会怎样看我；不过，我自己觉得，我只像一个在海滨玩耍的孩子，一会儿捡起块比较光滑的卵石，一会儿找到个美丽的贝壳；而在我面前，真理的大海还完全没有发现．"

牛顿有名师指引和提携，这是他成功的第三个因素．在大学期间，他学业出类拔萃,博得导师巴罗的厚爱.1664年,经过考试,被选拔为巴罗的助手.1667年3月从乡下被巴罗召回剑桥,翌年留校任教.由于成就突出,39岁的巴罗欣然把数学讲座的职位让给年仅27岁的牛顿.巴罗识才育人的高尚品质在科学界传为佳话.

牛顿是伟大的科学家.他的哲学思想基本上属于自发的唯物主义,但他信奉上帝,受亚里士多德的影响,认为一切行星的运动产生于神灵的"第一推动力",晚年陷入唯心主义.

牛顿是对人类作出卓绝贡献的科学巨擘,得到世人的尊敬和仰慕,英国诗人蒲柏(A. Pope,1688—1744)曾这样赋诗赞誉(杨振宁译):

自然与自然规律为黑暗隐蔽,
上帝说,让牛顿来!
一切遂臻光明.

8. 莱布尼茨(Gottftied Wilhelm Leibniz,1646—1716)

莱布尼茨生于德国东部的莱比锡,他是微积分发明者之一.1666年他20岁时,写了论文《论组合的艺术》,这是一本关于一般推理方法的著作,因此获得了阿尔特道夫(Aldorf)大学的哲学博士.他于1670—1671年间写了一篇力学论文,1671年左右又制造出了计算机.1672年作为梅因兹(Mainz)选帝侯的大使出访巴黎.这次访问使他有机会同数学家和科学家接触,并激起了他对数学的兴趣.虽然他是一位外交官,却深入地钻研了数学.除了是外交官外,他还是哲学家、法学家、历史学家、语言学家和先驱的地质学家.他在逻辑学、力学、数学、流体静力学、气体学、航海学和计算机方面做了许多重要的工作.1669年他提议建立德国科学院.他从1684年起发表微积分论文,然而,他的许多成果,以及他的思想的发展,都包含在他从1673年起写的,但从未发表过的成百页的笔记本中.1714年他写了《微分学的历史和起源》,这本书给出一些关于他自己思想发展的记载.莱布尼茨第一篇微分学论文发表在1684年《学艺》杂志上,这是世界上最早的微分学文献.1686年他在同一个刊物上发表了他的第一篇积分学论文.1677年他给出微分的四则运算法则,但没有证明.现在使用的积分符号与微分符号是莱布尼茨引进的.他曾用 omn 表示积分,1675年他用 $\int$ 代替 omn,例如 $\int x$ 就是 $\int x \mathrm{d}x$.莱布尼茨终生努力的主要动机是要寻求一种可以获得知识的创造发明的普遍方法,这种努力使他有了许多数学的发现.

莱布尼茨虽是微积分的创始人之一,但他也有失算的地方.17—18世纪时,级数方面的工作大都是形式的,收敛发散的问题是不太认真对待的.对级数 $1-1+1-1+\cdots$ 莱布尼茨曾认真地研究过,得出的结论是这个级数的和应为 $\frac{1}{2}$.当然这是错误的,但总的看来他多少意识到了收敛性的重要性. 1713 年 10 月 23 日他在给约翰·伯努利的一封信中,提到了一个判断交错级数收敛性的定理,这类级数现在称为莱布尼茨型级数.

牛顿的主要微积分著作是在 1665—1666 年完成的,莱布尼茨的著作则在 1673—1676 年完成. 可是正式发表微积分论文,莱布尼茨比牛顿早三年. 争吵谁先发明微积分是没有意义的. 在当时,这件事使英国的和欧洲大陆的数学家停止了思想交换. 英国拒绝阅读任何用莱布尼茨的记号写的文章. 另外,在牛津和剑桥大学甚至不容许任何一个犹太人或不相信英国国教的人入学. 英国人在牛顿死后的一百多年中仍坚持用牛顿在"原理"中使用的几何方法为主要工具,而欧洲大陆的数学家继续用莱布尼茨的分析法. 这使欧洲大陆的数学家工作取得了进步,英国的数学家落在欧洲大陆数学家的后面,从而使数学界丧失了一些有才能的人本应作出贡献的机会.

9. 泰勒(B. Taylor,1685—1731)

泰勒,英国数学家,1709 年毕业于剑桥大学圣约翰学院,获法学学士学位,1712 年被选为皇家学会会员,1714 年获法学博士学位,1714—1718 年担任皇家学会秘书.

泰勒在 1715 年出版《增量法及其逆》一书,这本书发展了牛顿的方法,并奠定了有限差分法的基础. 在这本书中他力图阐明微积分的基本思想以补充牛顿和莱布尼茨所创造的微积分的遗漏. 这本书中还载有现在微积分中以他的名字命名的泰勒定理和泰勒公式. 他把牛顿内插法大大推进了一步,并为把一个函数表为无穷级数奠定了基础。

10. 麦克劳林(Maclaurin,1698—1746)

麦克劳林亦译马克劳林,英国数学家,生于英格兰的基尔莫丹,11 岁考入格拉斯哥大学,15 岁获得硕士学位,19 岁担任阿伯丁大学的数学教授,21 岁(1719 年)被选为伦敦皇家学会会员. 1722—1726 年麦克劳林在法国巴黎从事研究工作,回国后,在爱丁堡大学任数学教授. 麦克劳林是牛顿的学生和继承者,在数学分析领域,麦克劳林建立了积分的收敛条件、级数及其求和公式,第一个发现了幂级数的函数展开式,并用待定系数法证明了著名的"麦克劳林级数",即函数在零点时的幂级数展开式.

11. 伯努利(Bernoulli)家族

现在所说的微分方程中的伯努利方程 $\dfrac{\mathrm{d}y}{\mathrm{d}x} = P(x)y + Q(x)y^n$,是詹姆斯·伯努利(James Bernoulli)在 1695 年提出来的. 1696 年莱布尼茨证明了利用变换可以把方程化为线性方程. 伯努利家族从尼古拉·伯努利(Nicolaus Bernoulli,1623—1708)算起,祖孙四代出过数十位数学家. 詹姆斯·伯努利是用微积分求常微分方程问题分析解的先驱者之一,他在 1690 年提出悬链线问题,1691 年他的弟弟约翰·伯努利以及其他一些数学家都发表了他们各自关于悬链线问题的解答，为此约翰感到莫大的骄傲．因为他哥哥提出了这个问题却没有能解决，约翰非常急于成名而开始和他哥哥竞争．1694 年约翰引进了等交曲线或曲线族问题（这个问题在光学中是重要的），并向他哥哥詹姆斯挑战．但詹姆斯只解决了一些特殊的实例，导出了一些特殊曲线族的正交轨线的微分方程，并且在 1698 年解出了它．正交轨线的进一步工作是由约翰的儿子尼古拉第三在 1716 年完成的．约翰的另一个儿子丹尼尔 (Daniel) 是彼得堡科学院的数学教授，那时才 25 岁，他最早的著作是解决里卡蒂 (Riccati) 方程问题，丹尼尔在概率论、偏微分方程、物理、流体动力学等方面都有贡献，曾荣获法国科学院奖金 10 次之多，当时就享有盛名，丹尼尔在弦振动问题上也作出过贡献．

12. 笛卡儿 (Descartes, 1596—1650)

笛卡儿是法国数学家、哲学家、物理学家，解析几何的奠基人之一．1596 年 3 月 31 日他出生于图伦，1650 年 2 月 11 日卒于瑞典斯德哥尔摩．

笛卡儿出身于一个富有的律师之家，不满周岁，其母逝世，自幼体弱多病，8 岁进入耶稣教会学校．校长怜其孱弱，允许他晚起，自由支配早读时间，从而养成了终生卧床沉思的习惯．1612 年入读普瓦捷大学，攻研法学，四年后获博士学位．为了了解社会，探索自然，1618 年开始在荷兰、德国体验军旅生活，1621 年离开军营后遍游欧洲各国．1625 年回到巴黎，从事科学工作．1628 年变卖家产，到安静的荷兰定居，潜心著述达 20 余年．1649 年被瑞典年轻女王克里斯蒂娜聘为私人教师，每天早晨 5 时驱车赶赴宫廷，为女王讲授哲学．素有晚起习惯的笛卡儿，又遇瑞典几十年少有的严寒，不久便得了肺炎，这位年仅 54 岁、终生未婚的科学家，不幸于 1650 年 2 月 11 日在凛冽的寒风中永远闭上了洞察世界的眼睛．

笛卡儿是 17 世纪十分重视科学方法的学者，他说："没有正确的方法，即使有眼睛的博学者，也会像瞎子一样盲目探索．"

早在 1619 年戎马倥偬的时候，由于对科学目的和科学方法的狂热追求，新几何的影子便不时地在他脑际萦绕．据一些史料记载，11 月 10 日的夜晚，是一个战事平静的夜晚，笛卡儿做了一个触发灵感的梦．他梦见一只苍蝇，飞动时划出一条美妙的曲线，然后一个黑点停在窗纸上，到窗棂的距离确定了它的位置．梦醒后，笛卡儿异常兴奋，感慨十几年追求的优越数学居然在梦境中顿悟而生！难怪笛卡儿直到后来还向别人说，他的梦像一把打开宝库的钥匙，这把钥匙就是坐标几何．

1637 年，也就是奇妙梦幻的 18 个春秋之后，笛卡儿匿名出版了《更好地指导推理和寻求科学真理的方法论》（简称《方法论》）一书，该书有三篇附录，其中题为《几何学》的一篇公布了作者长期深思熟虑的坐标几何的思想，实现了用代数研究几何的宏伟梦想．作为附录的短文，《几何学》竟成了从常量数学通向变量数学的桥梁，也是数形结合的典型数学模型．《几何学》的历史价值正如恩格斯所赞誉的："数学中的转折点是笛卡儿的变数．"

笛卡儿提倡理性思维，反对迷信盲从，抨击烦琐哲学，倡导科学为"人类造福"，主张人成为自然界的"主人和统治者"。他有一句名言："天下之理，非见之极明，勿遽下断语。"

13. 达朗贝尔(Jean LeRond D'Alembert, 1717—1783)

达朗贝尔是法国著名的数学家。一个冬天的晚上，宪兵在巴黎的街上巡逻，突然发现在一个教堂附近有一个初生的婴儿弃在路旁，宪兵将他抱起来，交给一个贫穷的玻璃匠抚养成人，这个人就是达朗贝尔。他在微分方程、力学方面的贡献都很大，1743 年他出版的《动力学》一书中就有力学中有名的达朗贝尔力学原理。在这篇著作中他推广了偏导数的演算。分析学中正项级数的收敛性的判别法——达朗贝尔判别法就发表在 1768 年他的"数学论丛"中。

在 18 世纪使微积分严密化的大量努力中，有少数几个数学家是思路对头的，其中之一就是达朗贝尔。事实上，他给出了极限的正确定义的一个很好的近似：一个变量趋近一个固定量，趋近的程度小于任何给定量。他认为极限方法是微积分的基本方法，但他没有结合并利用他的基本正确思想作出微积分的形式阐述。他相信牛顿在这方面有正确的想法，他不按字面上把牛顿的"最初和最终比"理解为忽然跳出来的两个量的第一个和最后一个的比，而是理解为一个极限。这在 18 世纪关于微积分所引起的争论中，对牛顿的微积分思想起到了积极的支持作用。

波动方程 $\frac{\partial^2 u}{\partial t^2} = a\frac{\partial^2 u}{\partial x^2}$ 的每一个解都是 $(at+x)$ 的函数与 $(at-x)$ 的函数之和，这一结论也是达朗贝尔推出来的。

14. 阿贝尔(N. H. Abel, 1802—1829)

阿贝尔，挪威数学家，生于奥斯陆。从小家境贫寒，19 岁进入奥斯陆大学学习，22 岁时解决了使数学家困惑 300 年之久的一个难题：证明一般五次方程不能像低次方程那样用根式求解。后来出访柏林和巴黎，在柏林，他给出了二项式定理对于所有复指数都是正确的证明，从而奠定了幂级数收敛的一般理论，解决了在实数和复数范围内分别求幂级数的收敛区间和收敛半径的问题，得到了著名的阿贝尔定理。在巴黎期间，他完成了巨著《论一类广泛的超越函数的一般性质》。在该书中，他研究了 $\int R(x, y)\mathrm{d}x$ 类型积分(数学上现称为阿贝尔积分)，其中 $R(x, y)$ 是 x，y 的任意有理函数，而 y 表示 x 的代数函数，开创了椭圆函数论这一数学分支。

阿贝尔尽管生命短暂(只活到 27 岁)，却在数学史上留下了光辉的篇章，数学中以他的名字命名的概念和定理就有 20 多个。

15. 傅里叶(J. B. J. Fourier, 1768—1830)

傅里叶，法国数学家、物理学家。9 岁时父母双亡成为孤儿，由教堂抚养。12 岁上学，13 岁学习数学，1794 年进入巴黎高等师范学校读书，1795 年在巴黎理工大学任教，1817 年被选为法国科学院院士，1822 年任该院终身秘书，1827 年成为法兰西科学院终身秘书,他还是彼得堡科学院荣誉院士.

傅里叶在 1811 年首先给出了级数收敛及级数和的正确定义,并发现通项趋于零并非级数收敛的充要条件,而仅是必要条件.

1822 年傅里叶在研究热传导中,创立了傅里叶级数,该级数的提出是分析领域的一个突破,不仅大大扩充了函数概念本身,而且还对积分概念、一致收敛概念、偏微分方程的理论的发展产生了重要影响. 目前定积分符号"$\int_a^b$"也是傅里叶提出的。

傅里叶从实际问题出发,抽象出数学模型,这种重要的思考方法为后代树立了典范. 他对数学发表了下列言简意赅的见解:"对自然界的深入研究是数学发现的最丰富的源泉","数学的主要目标是大众的利益和对自然现象的解释".

16. 格林(G. Green, 1793—1841)

格林,英国数学家、物理学家,出身于一个磨坊主家庭,童年辍学. 他一边干活一边利用工余时间自学数学和物理,1833 年格林自费到英国剑桥大学学习,1837 年毕业,1839 年被聘为剑桥大学教授,并被选为剑桥冈维尔-科尼斯学院评论员.

格林在数学物理方面的主要成就如下:

(1)建立了格林公式,1828 年他的论文《关于数学分析用于电磁学理论中》,从拉普拉斯方程出发,证明了曲线积分与二重积分联系的著名的格林公式.

(2)发展了磁理论. 他首先引入了位势等概念,研究了与求解数学物理边值问题密切相关的函数——格林函数. 格林函数现已成为偏微分方程理论中的一个重要概念和一项基本工具. 格林还发展了能量守恒定律.

格林留下的著作于 1871 年汇集出版,以他的名字命名的格林函数、格林公式、格林定律、格林曲线、格林测度、格林算子、格林方法等都是数学物理中经典的内容.

17. 拉普拉斯(P. S. Laplace, 1749—1827)

拉普拉斯,法国数学家、天文学家、物理学家. 从小家境贫寒,1765 年进入开恩大学学习,1773 年被选为法国科学院副院士,1783 年转为正式院士,1795 年任巴黎综合工科学校和高等师范学校教授,1816 年被选为法兰西学院院士,一年后任该院主席,他还被拿破仑任命为内政部长、元老议员并加封伯爵.

拉普拉斯才华横溢,著作如林,其研究涉及众多领域,如天体力学、概率论、微分方程、复变函数、势函理论、代数、测地学等,并有卓越贡献.

(1)他被公认为是概率论的奠基人之一,1812 年出版的《分析概率论》包含几何概率、伯努利定理和最小二乘法,著名的拉普拉斯变换就是在此书述及的.

(2)将分析学应用于天体力学,取得了划时代的结果. 其代表作之一《天体力学》共五卷,该巨著给予天体运动以严格的数学描述,对位势理论作出了数学刻画,将当时的天文研究推向了高峰.有名的拉普拉斯方程就出自于该书,该书也使拉普拉斯赢得了"法国牛顿"的美称.

(3) 在微分方程领域,他研究了奇解理论,将奇解的概念推广到高阶方程和三个变量的方程,发展了解非齐次线性方程的常数变易法,探求二阶线性微分方程的完全积分.

拉普拉斯学识渊博,但学而不厌,他的遗言是:"我的知道是微小的,我的不知道是无限的."

18. 欧拉(Léonhard Euler, 1707—1783)

欧拉生于瑞士的巴塞尔(Basel),是世界历史上最伟大的数学家之一,19 岁起他就开始写作,直到 76 岁.几乎每一个数学分支,都可以看到欧拉的名字.他可以在任何不良的环境中工作,他常抱着孩子在膝上完成论文,甚至在他双目失明后,也没有停止过数学研究.在失明后的 17 年间,他还通过口述,著了几本书和 400 篇左右的论文.

1909 年,瑞士自然科学会开始筹备出版欧拉全集,但直到现在也还没有出全,计划是 74 卷,除课本外,欧拉以每年约 800 页左右的速率发表高质量的独创性的研究文章.他 19 岁时,写了一篇关于船桅的论文,获得了巴黎科学院的奖金.以后陆续多次获奖.26 岁时,他被任命为彼得堡科学院数学教授.1735 年,在一个天文学的难题——计算彗星轨道中,几个著名的数学家经过几个月的努力才得到结果,而欧拉却三日就完成.过度的工作,使他右眼失明,这时他才 28 岁.1766 年他回到彼得堡,没有多久,左眼也完全失明,这时他已年近花甲.1771 年,彼得堡大火殃及欧拉住宅,病而失明的 64 岁的欧拉被困在大火中,有一位为他工作的工人冒着生命危险,把欧拉抢救出来,但欧拉的书库及大量研究成果全部化成灰烬.可是欧拉并没有灰心倒下,他发誓要把损失挽救回来,他口述其内容,由他的学生特别是他的大儿子 A. 欧拉(数学家)记录.欧拉的记忆力和心算能力是罕见的,他能复述年轻时代笔记的内容,一些复杂的运算可以用心算来完成.有一个例子足以说明其能力:欧拉的两个学生把一个颇复杂的收敛级数的十七项加起来,算到 50 位数字时,相差一个单位,欧拉为了确定谁对,用心算进行全部运算,最后找出错误.欧拉在失明中还解决了令牛顿头痛的月离(月球运行)问题和很多复杂的分析问题.

欧拉高尚的品质,赢得了广泛的尊敬.拉格朗日是稍后于欧拉的大数学家,从 19 岁起与欧拉通信,讨论等周问题的一般解法,这使变分法得以诞生.等周问题是欧拉多年来苦心考虑的问题,拉格朗日的解法,博得了欧拉的热烈赞扬.1759 年欧拉复信盛赞拉格朗日的成就,并谦恭地压下自己在这方面较不成熟的作品,暂不发表,使年轻的拉格朗日的作品得以发表和流传,欧拉本人也因此赢得了巨大的声誉.

欧拉充沛的精力保持到生命的最后一刻,1783 年 9 月 13 日下午,为了庆祝他计算气球上升定律的成功，欧拉请朋友们吃饭．那时天王星刚发现，当欧拉写出计算天王星轨道的要领时，他还在和他的孙子逗笑，突然疾病发作，烟斗从手中落下，口里喃喃地说："我死了．"

19. 高斯（Gauss，1777—1855）

德国数学家、物理学家、天文学家，高斯是一位卓越的古典数学家，同时也是近代数学的奠基者之一，他在古典数学与现代数学中起了继往开来的作用．与阿基米德、牛顿并列为历史上最伟大的三位数学家，被誉为"数学家之王"．

高斯出身于德国不伦瑞克的一个贫穷家庭，童年就显示出数学才华，据传闻，3 岁时他就纠正了父亲计算工薪账目中的一个错误．另据记载，高斯 10 岁时，数学教师比特纳让学生把 1~100 之间的自然数加起来，老师刚布置完题目，高斯就把答案 5050 求了出来．他 11 岁发现了二项式定理；15 岁进入卡罗林学院学习，发现了质数定理；17 岁发现了最小二乘法；18 岁在不伦瑞克公爵的资助下进入哥廷根大学学习，同年发现数论中的二次互反律，亦称为"黄金律"；19 岁发现正 17 边形的尺规作图法；21 岁完成了历史名著《算术研究》，并于该年大学毕业，次年取得博士学位．在博士论文中，首次给出代数基本定理的证明，因此开创了数学存在性证明的新时代．1807 年任哥廷根大学天文学教授和新天文台台长，直到逝世．1804 年被选为英国皇家学会会员，同时还是法国科学院和其他许多科学院的院士．

高斯在数学的许多领域都有重大的贡献．他是非欧几何的发现者之一，微分几何的开创者，近代数论的奠基者，在超几何级数、复变函数论、椭圆函数论、统计数学、向量分析等方面都取得了显著的成果．他十分重视数学的应用，他的大量著作都与天文学和大地测量有关．高斯有句名言——"数学是科学的皇后，数论是数学的皇后"，贴切地表述了数学在科学中的关键作用．1830 年以后，他越来越多地从事物理学的研究，在电磁学和光学等方面都作出了卓越的贡献．

高斯思维敏捷，立论极端谨慎．他遵循三条原则："宁肯少些，但要好些"；"不留下进一步要做的事情"；"极度严格的要求"．他的著作都是精心构思，反复推敲过的，以最精练的形式发表出来，略去了分析和思考的过程，一般的学者很难掌握其思想方法．他有很多数学成果在生前没有公开发表，有的学者认为，如果高斯及早发表他的真知灼见，对后辈会有更大的启发，会更快地促进数学的发展．

20. 阿基米德（Archimedes，公元前 287—前 212）

我们似曾相识，那是在初中讲述物理中的浮力定理时，有不少人对阿基米德从澡盆中跳出来，赤身裸体冲向闹市的故事耳熟能详．

阿基米德是古希腊大数学家、大物理学家，公元前 287 年生于西西里岛的叙拉古，公元前 212 年被罗马入侵者杀害．

阿基米德在亚历山大跟随欧几里得的学生学习，毕业后返回故乡叙拉古，与亚里山大的学者一直保持着密切联系，终生致力于科学研究和科学的实际应用．

阿基米德的主要成就是在纯几何方面．他善于继承和创造．他运用穷竭法解决了几何图形的面积、体积、曲线长等大量计算问题，其方法是微积分的先导，其结果也与微积分的结果相一致．阿基米德在数学上的成就在当时达到了登峰造极的地步，对后世影响的深远程度也是任何一位数学家无与伦比的．他是数学史上首屈一指的大数学家，按照罗马时代的科学史家普利尼（Plinius）的评价，数学界尊称阿基米德是"数学之神"．

阿基米德也是一位伟大的物理学家，比如希仑王为了对国外炫耀自己，命工匠制造了一艘富丽堂皇的高大游船．但过于庞大，无法下水，只好请来大学者阿基米德，阿基米德利用他发现的杠杆原理，借助滑轮、滚木等器物，在一群皇室显贵和几千庶民百姓的呐喊声中，把这个庞然大物拥下大海．这一科学的巨大威力，使排山倒海的欢呼声震撼遐迩．阿基米德也曾自豪地说："给我一个立足之地，我就能够移动地球！"

阿基米德还是一位运用科学知识抗击外敌入侵的爱国主义者．在第二次布匿战争时期，为了抵御罗马帝国的入侵，阿基米德制造了一批特殊机械，能向敌人投射滚滚巨石，设计了一种起重机，能把敌舰掀翻，架设了大型抛物面铜镜，用日光焚烧罗马战船．敌军统帅马赛拉斯（Marcellus）惊呼："我们在同数学家打仗，他比神话中的百手巨人还厉害！"敌人屡战屡败之后，采用了外围内间的策略．三年之后，终因粮绝和内讧，叙拉古陷落了．阿基米德回天无力，一气之下关门闭户，蹲在沙盘边研究几何，想从数学王国里寻求安慰和太平，然而两个罗马士兵夺门而入，打破了他的天国之梦，踢乱了几何图形，并要带走阿基米德．阿基米德怒斥道："不要动我的图！"罗马士兵一怒之下，把矛头插进了巨人的胸膛，就这样，一位彪炳千秋的伟人惨死在野蛮的罗马士兵手下，阿基米德之死标志着古希腊灿烂文化毁灭的开始．从此以后，罗马人的野蛮蹂躏和愚昧统治，多次给古希腊的文化造成灭顶之灾．后来连绵不断的摧残，其中包括毁灭性地焚烧科学藏书，不仅使希腊，而且使整个欧洲大陆昏睡在中世纪的漫漫黑夜中．直到14世纪末，文艺复兴的火炬燃起的时候，欧洲学者才又钻进阿基米德及其他学者的残存遗著中，重新发掘古文化，繁衍人类文明．

21. 刘徽（Liu Hui，约225—295）

刘徽，中国数学家，魏晋时代人，是我国古典数学理论的奠基人之一．他在数学上的主要成就之一是为《九章算术》做了注释，人们称之为《九章算术注》，于公元263年成书，共9卷．他在书中提出了很多独到的见解，例如他创造了用"割圆术"来计算圆周率的方法，从而开创了我国数学发展中圆周率研究的新纪元．他从圆的内接正六边形算起，依次将边数加倍，一直算到内接正192边形的面积．此时得圆周率 $\pi \approx \dfrac{157}{50} = 3.14$，后人为纪念刘徽，称这个数为"徽率"．当算到正3072边形时,得 $\pi \approx \dfrac{3927}{1250} = 3.1416$. 外国关于 π 取值 3.1416 的记载比刘徽晚 200 多年,而且刘徽还指出如此加内接正多边形边数"割之弥细,所失弥少,割之又割,以至于不可割,则与圆周合体,而无所失矣". 这里他还把极限思想应用于近似计算. 他的方法除了缺少极限表达式外,与现代方法相差无几.

22. 祖冲之(Zu Chongzhi, 429—500)

祖冲之,中国南北朝时期的伟大科学家、数学家,生于刘宋文帝元嘉六年(公元 429 年),范阳遒县(今河北涞源县)人,卒于南齐东昏侯永元二年(公元 500 年). 其祖父和父亲都历任南朝官职,对天文历法很有研究,祖冲之自幼受家庭书墨熏陶,酷爱天文与数学. 他天资聪颖,勤奋好学,青年时期又到专门研究学术的华林园学习,得以钻研科学经典. 之后历任州从事史、公府参军、县令等职.

祖冲之一面汲取古籍精华,一面又亲身观测实验,以实测数据和创新结论修改前人的不足和错误. 他"亲量圭尺,躬查仪漏,目尽毫厘,心穷筹策",这种对待科学的刻苦精神、认真态度、实践作风,以及不媚权贵、追求真理的大无畏精神,使他在天文、数学和机械等方面作出了伟大的贡献.

在天文、历法方面,祖冲之制订了"大明历",上书皇帝建议取代当时采用的有许多错误的"元嘉历",但在与守旧派戴德兴等激烈争辩后仍未被采用,直到他死后十年,才在梁朝得以颁行. 在大明历中,将 19 年 7 闰的闰法改为 391 年 144 闰,更符合实际.

在数学方面,祖冲之求出圆周率 π 在 3.1415926 与 3.1415927 之间. 据数学史界推测,这一结果可能是祖冲之进一步应用刘徽的割圆术求得的,其精度达到了很高的程度,保持了九百多年,直到 15 世纪,才被中亚西亚数学家阿尔·卡西突破. 祖冲之还提出了约率$\left(=\dfrac{22}{7}\right)$和密率$\left(=\dfrac{355}{113}\right)$. 密率的精确度也是很高的,比荷兰工程师安托尼兹(Anthonisz)的同一发现早一千多年. 祖冲之的著作《缀术》在当时因"学官莫能究其深奥,是故废而不理",在唐代被指定为学者的必读经典之作,但于 11 世纪失传.

在生产应用方面,祖冲之改造了指南车,制作了水碓磨、千里船、漏钟等.

祖冲之兴趣广泛,才华横溢,在哲学、文学、音乐等方面均有很深的造诣,曾注释《易经》、《论语》等,还撰写小说《述异记》十卷.

祖冲之的杰出成就是世界科学史上的光辉篇章,他的伟大贡献备受世人敬仰. 巴黎科学博物馆墙壁上铭刻着祖冲之的画像和他的圆周率,莫斯科大学的走廊旁悬挂着祖冲之的雕像,月球上新发现的山脉被命名为"祖冲之山".

23. 李善兰(Li shanlan, 1811—1882)

李善兰,中国清代数学家,原名心兰,字壬叔,号秋纫,浙江海宁人,他曾任苏州府幕僚,1868 年被清政府谕召到北京任同文馆数学教授(Professor,旧译称教习),执教 13 年. 李善兰对尖锥求积术(相当于求多项式的定积分)、三角函数与对数的幂级数展开式、高阶等差级数求和等都有突出的研究;在素数论方面也有杰出成就,提出了判别素数的重要法则. 他对有关二项式定理系数的恒等式也进行了深入研究,曾取各家级数论之长,归纳出以他的名字命名的"李善兰恒等式".

李善兰一生著作颇丰,主要论著有《方圆阐幽》、《弧矢启秘》、《麟德术解》、《四元解》、《垛积比类》、《对数探原》、《考数根法》及《则古昔斋算学》等.

李善兰不仅在数学研究上有很深造诣,而且在代数学、微积分学的传播上也作出了不朽的贡献,1852—1859 年间,他与英国传教士伟烈亚力(Alexander Wyle, 1815—1887)合作翻译出版了三部著作:《几何原本》后 9 卷,英国数学家德摩根(De Morgan,1806—1871);《代数拾级》18 卷;《谈天》18 卷. 与英人艾约瑟(Joseph Edkins,1823—1905)合作翻译出版了《圆锥曲线说》3 卷、《重学》20 卷等,其中大部分译著,例如《代数学》、《代微拾级》等都分别是中国出版的第一部代数学、解析几何学、微积分学. 李善兰不懂外语,由伟烈亚力口译,李善兰笔述,但是李善兰并非只是抄录整理,而是基于对微积分学等的深入理解以及对中国传统数学的承袭进行创造加工,特别是创设了一些名词,例如变量、微分;积分、代数学、数学、数轴、曲率、曲线、极大、极小、无穷、根、方程式等,至今一直沿用.

24. 华罗庚(Hua Luogeng,1910—1985)

华罗庚,中国现代数学家,是 20 世纪世界最富传奇性的数学家之一. 他成功地从自学数学的普通店员成为造诣很深,有多方面创造的数学大师. 他的研究领域遍及数论、代数、矩阵几何、典型群、多复变函数论、调和分析与应用数学. 他的学术成果被国际数学界命名为"华氏定理"、"布劳威尔-加当-华定理"、"华-王方法"、"华氏算子"、"华氏不等式"等.

1910 年 11 月 12 日,华罗庚出身于江苏金坛县一个小杂货商的家庭. 由于家境贫寒,他初中毕业没能继续升高中,经努力就读于上海中华职业学校商科,又因家庭经济窘困,不得不放弃还差一学期就毕业的机会,辍学回金坛帮助父亲经营杂货小店. 他一边站柜台,一边利用零散时间自学数学,看了大代数、解析几何和微积分. 1928 年,他就职于金坛初中会计兼事务. 这一年,金坛发生了流行瘟疫,华罗庚的母亲染病过世了,他本人染病卧床半年,病虽痊愈,但留下了终生残疾——左腿瘸了. 1929 年他在上海《科学》杂志上发表了涉及斯图姆定理的第一篇论文. 1930 年,在这个刊物上又发表了第二篇论文《苏家驹之代数的五次方程式解法不能成立理由》。

他的论文显示了这个 19 岁青年的数学才华,引起当时清华大学数学系主任熊庆来的注意. 经熊庆来推荐,华罗庚于 1931 年到清华大学任数学系助理,管理图书兼办杂务. 他来到清华大学以后,一边工作,一边学习,只用了一年半的时间,修完了数学专业全部课程,1933 年,他被破格提升为助教,1934 年又任"中华文化教育基金董事会"乙种研究员.1935年被提升为教员.1936年,他作为访问学者到英国剑桥大学研究深造.这时他致力于解析数论的研究,在圆法、三角和估计研究领域作出了开创性的贡献.1937年抗日战争爆发,华罗庚闻讯回到祖国,于1938年受聘于昆明西南联大任教授.这时他仍继续数论的研究,完成了经典性专著《堆垒素数论》.但他的主要兴趣已从数论转移到群论、矩阵几何学、自守函数论与多复变函数论的研究.1946年秋,华罗庚等一行8人赴美国.在美国期间,他首先在普林斯顿高级研究院做研究工作,又在普林斯顿大学授课,后又应聘伊利诺伊大学终身教授职务.新中国刚成立,他毫不犹豫地放弃了在美国优越的生活和工作条件,携妇将雏,于1950年2月乘船回国.在横渡太平洋的航船上,他致信留美学生:"梁园虽好,非久居之乡,归去来兮!为了抉择真理,我们应当回去;为了国家民族,我们应该回去;为了为人民服务,我们应当回去!"

华罗庚回国后,领导着中国数学研究、教学与普及工作,为国家的数学事业作出了巨大贡献.1952年,他被任命为中国科学院数理化学部委员、数理化学部副主任.他得出了"四类典型域上的完整正交系"的学术成果,获得了1956年第一届国家自然科学一等奖.1957—1963年,先后完成了四本专著.他在撰写专著过程中,组织讨论班,把他所写的材料予以讲述、讨论与修改,使学生在实践中学会作研究,提高独立工作能力.他还注意数学知识科普工作,在报刊上发表了不少介绍治学经验和体会的文章.1958—1965年,华罗庚把他的主要精力放在数学方法在工业上的普及方面.近20年的时间,他的足迹遍布全国20个省市厂矿企业,普及推广"统筹法"和"优选法",取得了很好的经济效益,产生了深远的影响.

华罗庚的格言是"天才在于积累,聪明在于勤奋",他不断拼搏,不断奋斗的精神,贯穿了他的一生。他提出:"松老易空,人老易松,科学之道,戒之以松,我愿一辈子从实以终."1985年6月3日,他带一批中年业务骨干赴日本进行学术交流.6月12日,在日本东京大学做题为《理论、应用与普及》的数学讲演,讲演结束,在长时间的热烈掌声中,他坐在椅子上准备再讲几句话,但刚讲出一句在场人未听清的话就突然从椅子上滑下来,他的心脏病复发了,倒在讲台上,再没能醒过来,一颗科学界的巨星陨落了.

华罗庚对中国数学的发展所作出的巨大贡献,华夏子孙世代铭记.他爱祖国、爱人民的赤胆忠心永远鼓舞着华夏儿女,他奋进拼搏的科学精神永远激励着后人.

习题参考答案

习题 A

习题 1.1

1. (1) $[\frac{3}{2}, +\infty)$; (2) $(-\infty, 1) \cup (1, +\infty)$; (3) $(-\infty, 1)$;
(4) $(-\infty, 2] \cup [3, +\infty)$.

2. (1) $y = u^2, u = \ln x$; (2) $y = \ln u, u = \sin v, v = 5x$; (3) $y = u^2, u = \sin v, v = 3x$;
(4) $y = \sin u, u = x^2$.

3. $1, 8, 2x^2 + 5x + 1, 2x^2 - x - 2$.

4. $y = \begin{cases} 3x, & 0 \leq x \leq 20 \\ 4.5x - 30, & x > 20 \end{cases}$

5. $y = \begin{cases} 1.15x, & 0 < x \leq 12; \\ 12 \times 1.15 + 1.75(x-12), & 12 < x \leq 18; \\ 12 \times 1.15 + 6 \times 1.75 + (x-18) \times 2.3, & x > 18. \end{cases}$

习题 1.2

1. 2220, 22.2.

2. 910 万元, $\frac{910}{3}$ 万元, 88 万元.

3. (1) $C = 150 + 10x$; $\bar{C} = \frac{150 + 10x}{x}$; (2) $R = 15x$; (3) $L = 5x - 150$.

4. $10e^{0.08 \times 20} \approx 49.53$.

习题 1.3

1. (1) 7　(2) ∞　(3) 3　(4) $-\frac{3}{2}$　(5) ∞　(6) 0　(7) $-\frac{1}{2}$

2. (1) 3　(2) $\frac{5}{4}$　(3) e^4　(4) e^{-6}　(5) e^{-1}　(6) $e^{-\frac{1}{2}}$

3. 1, 不存在, 2.

习题1.4

1.不连续 2.$a=1$.

习题1.1

1.(1)$y=u^{10}, u=2x+1$ (2)$y=\cos u, u=x^2$ (3)$y=\ln u, u=\sin x$

(4)$y=u^2, u=\sin x$ (5)$y=\dfrac{1}{u}, u=1+2x$ (6)$y=\sqrt{u}, u=1-v, v=2x^2$

(7)$y=\sqrt{u}, u=\tan v, v=\dfrac{x}{3}$ (8)$y=e^u, u=x^2$

习题1.2

1.$P=200$

2.(1)$L(q)=-0.2q^2+4q-10$;(2)$L(10)=10;L(20)=-10$.

3.(1)$L(q)=60000+20q, R(q)=60q-\dfrac{q^2}{1000}, L(q)=-\dfrac{q^2}{1000}+40q-60000$.

4.$L(q)=-6q^2+248q-100$.

5.$L(q)=-0.1q^2+3q-10, L(10)=10, L(30)=-10$.

习题1.3

1.(1)1 (2)2 (3)∞ (4)1 (5)-1 (6)1

2.0,0,0

3.(1)$x\to-\dfrac{1}{2}$ (2)$x\to\infty$ (3)$x\to-\infty$ (4)$x\to 1$

4.(1)$x\to-1$ (2)$x\to\infty$ (3)$x\to+\infty$ (4)$x\to+\infty$ 或 $x\to 0^+$

5.(1)无穷小; (2)无穷大; (3)无穷小;
(4)无穷大; (5)无穷小; (6)无穷大.

6.(1)3 (2)0 (3)∞ (4)$\dfrac{1}{3}$ (5)-4 (6)∞ (7)$\dfrac{1}{6}$ (8)-3 (9)∞

(10)$\dfrac{1}{3}$ (11)12 (12)0 (13)0 (14)$\dfrac{3}{2}$

7.(1)× (2)× (3)√ (4)√ (5)√ (6)× (7)×
(8)√ (9)× (10)×

8.(1)$\dfrac{3}{4}$ (2)$\dfrac{1}{2}$ (3)1 (4)$\dfrac{1}{2}$ (5)$\dfrac{1}{5}$ (6)2

9.(1)e^{-2} (2)e^{-6} (3)$e^{-\frac{1}{2}}$ (4)e^2 (5)e^{-2} (6)$e^{-\frac{1}{2}}$

习题 1.4

1.(1)$\sqrt{3}$ (2)$\ln 2$ (3)$\sin e$ (4)1 (5)0 (6)$\frac{1}{3}$ (7)1 (8)1

2.不连续

3.(1)a 为任意实数,$b=1$ (2)$a=1,b=1$.

4.$a=2$.

习 题 A

习题 2.1

1.(1)0 (2)$5x^4$ (3)$\frac{1}{x\ln 2}$ (4)$\frac{1}{2\sqrt{x}}$

2.$2x-y-1=0$

习题 2.2

1.(1)$y'=2x+2^x\ln 2$ (2)$y'=6x^2+\frac{2}{x^3}$ (3)$y'=\cos x-x\sin x$ (4)$y'=\frac{x\cos x-\sin x}{x^2}$

(5)$y'=\frac{x-1-x\ln x}{x(x-1)^2}$ (6)$y'=e^x\ln x+\frac{e^x}{x}$

2.(1)$y'=20(2x+1)^9$ (2)$y'=2(3x+1)\cos(3x^2+2x-1)$ (3)$y'=2x(\ln x+1)\ln x$

(4)$y'=-6x^2+4x-1$ (5)$y'=\frac{1}{2\sqrt{x}(1+x)}$ (6)$y'=\frac{1}{\sqrt{4-x^2}}$

(7)$y'=\frac{1}{x(\ln x)\ln(\ln x)}$ (8)$y'=2x\sin\frac{1}{x}-\cos\frac{1}{x}$

(9)$y'=\frac{x-1}{\sqrt{x^2-2x+5}}$ (10)$y'=e^{\tan x}\sec^2 x$

(11)$y'=\frac{6x}{(2+3x^2)\ln 3}$ (12)$y'=2x\sin^2 x(\sin^2 x+x\sin 2x)$

3.(1)$y''=12x-6$ (2)$y''=e^x+6x$ (3)$y''=-x^{-2}$ (4)$y''=5^x(\ln 5)^2$

习题 2.3

1.(1)$dy=(9x^2+2)dx$ (2)$dy=\frac{3}{3x-1}dx$ (3)$dy=-\frac{1}{2}\sin\frac{x}{2}dx$

(4) $dy = e^{2x}(1+2x)dx$ (5) $dy = -e^{\cos x}\sin x dx$ (6) $dy = \dfrac{-2}{(1+2x)^2}dx$

2.(1) 0 (2) ∞ (3) 2 (4) ∞ (5) 0 (6) 0 (7) $\dfrac{1}{3}$ (8) $-\dfrac{3}{2}$

习题 2.4

1.(1) 单调减区间为 $\left(-\infty, \dfrac{5}{2}\right]$, 单调增区间为 $\left[\dfrac{5}{2}, +\infty\right)$.

(2) 单调减区间为 $[-1,2]$, 单调增区间为 $(-\infty, -1]$ 和 $[2, +\infty)$.

(3) 单调减区间为 $[0,2]$, 单调增区间为 $(-\infty, 0]$ 和 $[2, +\infty)$.

(4) 单调减区间为 $[0, +\infty]$, 单调增区间为 $(-\infty, 0]$.

2.(1) $f_{极大}(0)=1, f_{极小}(1)=0$ (2) $f_{极大}(1)=\dfrac{1}{2}, f_{极小}(-1)=-\dfrac{1}{2}$

(3) $f_{极大}(0)=0, f_{极小}(\pm 2)=-16$ (4) $f_{极小}(e)=e$.

3.(1) 最大值 $f(3)=28$, 最小值 $f(-1)=0$.

(2) 最大值 $f(\pm 2)=11$, 最小值 $f(\pm 1)=2$.

4. 车流量在下午 2:00 有 148 辆车, 为最小车流量.

车流量在下午 5:00 有 175 辆车, 为最大车流量.

习题 2.5

1. 3 百件

2.(1) $P=0.625$ 即 625 元 (2) $q=6(\sqrt{3}-1)$(百件) $p=5(\sqrt{3}-1)$(千元) $R_{最大}=60(2-\sqrt{3})$ 千元.

3. 9.5 4. $R'=80-\dfrac{1}{5}q$; 50; 0.

5.(1) $L'=-0.02q+5$; 3. (2) 250.

6. $\dfrac{EQ}{EP}=2p\ln 2$.

习题 B

习题 2.1

1. 不可导

2. 连续, 不可导

3. $y-\dfrac{1}{2}=\dfrac{\sqrt{3}}{2}\left(x-\dfrac{\pi}{6}\right)$

4.27

5.$(2,4)$, $4x-y-4=0$

6.$4x+y-4=0$

习题 2.2

1.(1) $y'=3x^2-\dfrac{1}{x^2}-5+\dfrac{1}{2}x^{-\frac{1}{2}}$ (2) $y'=\dfrac{1}{2}x^{-\frac{1}{2}}\cos x-\sqrt{x}\sin x+\dfrac{3}{x}$ (3) $y'=3x^2-3x^{-4}$

(4) $y'=\dfrac{3}{2}\sin x+x\cos x$ (5) $y'=2x\ln x+2x\sqrt{x}+x+\dfrac{1}{2}$ (6) $y'=\dfrac{2(1+x^2)}{(1-x^2)^2}$

(7) $y'=10x+3e^x-\dfrac{2}{x}$ (8) $y'=-12x^{-4}-2x^{-2}$ (9) $y'=2^x\ln 2+\dfrac{2}{x\ln 10}+\dfrac{1}{x\ln 2}$

(10) $y'=\cos^2 x-\sin^2 x$ (11) $y'=2e^x\sin x+2e^x\cos x$ (12) $y'=2x\ln x+x$

(13) $y'=\dfrac{1-\ln x}{x^2}$ (14) $y'=2-6x$ (15) $y'=-\dfrac{1}{x\ln^2 x}$ (16) $y'=\dfrac{-2}{(x-1)^2}$

2.(1) $y'=6(2x-1)^2$ (2) $y'=-3\cos(1-3x)$ (3) $y'=4xe^{2x^2}$ (4) $y'=\dfrac{2}{1+2x}$

(5) $y'=2\sin x\cos x$ (6) $y'=\dfrac{-\sin x}{\cos x}$ (7) $y'=\dfrac{2x}{1+x^4}$ (8) $y'=2x\sec x^4$

(9) $y'=-\dfrac{x}{\sqrt{1-x^2}}$ (10) $y'=\dfrac{2x}{(1-x^2)^2}$ (11) $y'=2x\cos x^2$ (12) $y'=\dfrac{1}{x^2}\sin\dfrac{1}{x}e^{\cos\frac{1}{x}}$

(13) $y'=-\dfrac{3}{2}(3x+1)^{-\frac{3}{2}}$ (14) $y'=-\dfrac{2}{(1+2x)^2}$ (15) $y'=-3\sin x\cos^2 x$

(16) $y'=\dfrac{1}{x\ln x \cdot \ln(\ln x)}$

3.(1) $y''=6$ (2) $y''=-2e^x\sin x$ (3) $y''=4(2\ln x+3)$ (4) $y''=-2e^{-x}+xe^{-x}$

(5) $y''=2^x(\ln 2)^2$ (6) $y''=-\dfrac{1}{(1+x)^2}$ (7) $y''=8-\dfrac{1}{x^2}$ (8) $y''=-\sin x-\cos x$

(9) $y''=e^{-x}+e^x$ (10) $y''=2\cos x-x\sin x$

习题 2.3

1.(1) $dy=4xdx$ (2) $dy=\dfrac{3x}{\sqrt{3x^2+1}}dx$ (3) $dy=-4x\sin(2x^2+1)$

(4) $dy=(-e^{-x}\sin x+e^{-x}\cos x)dx$ (5) $dy=\dfrac{1}{2\sqrt{1+x}}dx$ (6) $dy=(\cos x-x\sin x)dx$

(7) $dy=2\cos 2xe^{\sin 2x}dx$ (8) $dy=-\dfrac{1}{2\sqrt{x}\sqrt{1-x}}dx$ (9) $dy=\left(3x^2+3^x\ln 3-\dfrac{1}{x}\right)dx$

191

$(10) dy = \dfrac{2}{(1-2x)^2} dx$

2.(1) 1　(2) ln2　(3) $\dfrac{1}{6}$　(4) 2　(5) 5　(6) $\dfrac{3}{2}x_0^{10}$　(7) $\dfrac{1}{2}$

(8) $-\dfrac{1}{2}$　(9) 1　(10) $\dfrac{1}{2}$

习题 2.4

1.(1) 单调减区间为 $\left[\dfrac{1}{2}, +\infty\right)$, 单调增区间为 $\left(-\infty, \dfrac{1}{2}\right]$.

(2) 单调增区间为 R.

(3) 单调增区间为 $\left[\dfrac{1}{2}, +\infty\right)$, 单调减区间为 $\left(0, \dfrac{1}{2}\right]$.

2.(1) $f_{极大}(-1) = 17$　$f_{极小}(3) = -47$　(2) 无极值

3.(1) 最大值 $f(1) = 2$, 最小值 $f(-1) = -10$.

(2) 最大值 $f(4) = \dfrac{3}{5}$, 最小值 $f(0) = -1$.

(3) 最大值 $f\left(\dfrac{\pi}{2}\right) = \pi - 1$, 最小值 $f(0) = 0$.

4. 底边长为 6m, 高为 3m.

5. 162m².

习 题 A

习题 3.1

1.(1) 成立; (2) 不成立

2.(1) $3x + C$; (2) $e^x + 5x + C$; (3) $\dfrac{1}{3}x^3 + \sin x + C$; (4) $\dfrac{1}{2}x^2 - 5\ln|x| + C$;

(5) $2e^x + \tan x + C$; (6) $x + \dfrac{\left(\dfrac{2}{3}\right)^x}{\ln \dfrac{2}{3}} + C$; (7) $\dfrac{1}{2}x^2 - 3x + C$; (8) $x - \arctan x + C$;

(9) $\dfrac{2}{7}x^{\frac{7}{2}} + C$; (10) $\dfrac{10^x}{\ln 10} + C$.

3. $96q - \dfrac{3}{2}q^2$.

习题参考答案

习题 3.2

1. (1) $\frac{1}{7}$; (2) $-\frac{1}{5}$; (3) $\frac{1}{2}$; (4) $\frac{1}{6}$; (5) $\frac{1}{3}$; (6) -1; (7) $-\frac{1}{5}$; (8) $\frac{1}{4}$.

2. (1) $\frac{1}{4}e^{4x}+C$; (2) $\frac{1}{14}(2x+1)^7+C$; (3) $-\frac{1}{3}\ln|1-3x|+C$; (4) $-\frac{1}{5}\cos(5x+3)+C$;

(5) $\frac{1}{2}\ln(1+x^2)+C$; (6) $\frac{1}{2}\arctan\frac{x}{2}+C$; (7) $-\frac{1}{4}e^{1-2x^2}+C$; (8) $-\frac{3^{1-2x}}{2\ln 3}+C$;

(9) $\frac{1}{4}\tan^4 x+C$; (10) $\frac{1}{2}\sin^2 x+C$; (11) $\frac{1}{2}(\ln x)^2+C$;

(12) $2(\sqrt{x-1}-\arctan\sqrt{x-1})+C$.

3. (1) $-x\cos x+\sin x+C$; (2) $-xe^{-x}-e^{-x}+C$; (3) $\frac{1}{3}x^3\ln x-\frac{1}{9}x^3+C$;

(4) $\frac{1}{2}(x^2\arctan x-x+\arctan x)+C$.

习题 3.3

1. 略

2. (1) $S=\int_1^2 x^2 dx$; (2) $S=-\int_{\frac{1}{e}}^1 \ln x dx + \int_1^3 \ln x dx$.

3. (1) $\frac{1}{4}$; (2) $e-1$; (3) $\frac{29}{6}$; (4) 1; (5) $\frac{3\sqrt{2}}{2}$; (6) $\frac{\pi}{2}$; (7) $\frac{21}{2}-\ln 4$; (8) $\frac{4}{7}$.

4. 78(m).

习题 3.4

1. (1) $\frac{5}{2}$; (2) $-\frac{2}{3}$; (3) $\frac{1}{2}(e-1)$; (4) 0; (5) $\frac{1}{4}$; (6) $\frac{1}{4}$; (7) $\frac{1}{2}\ln 2$;

(8) $4-2\ln 3$; (9) $\frac{e^2}{4}+\frac{1}{4}$; (10) $\frac{\pi}{4}-\frac{1}{2}\ln 2$; (11) 1; (12) 1.

习题 3.5

1. $e-1$ 2. $\frac{17}{4}$ 3. $\frac{32}{3}$ 4. $\frac{1}{6}$ 5. $\frac{1}{3}\pi r^2 h$.

习题 3.6

1. 1250.

2. (1) $C(q) = 8q + \frac{1}{4}q^2$, $R(q) = 16q - q^2$; (2) $q = 3.2$, $L_{max} = 12.8$.

3. (1) 8980; (2) 216.292; 248.875.

4. 996.

5. (1) 544.347 万元; (2) -227.8265 万元.

习题 B

习题 3.1

1. (1) $\frac{x^4}{4} + x^3 - x + C$ (2) $-3x^{-\frac{1}{3}} + C$ (3) $\frac{3}{4}x^{\frac{4}{3}} + 2x^{\frac{1}{2}} + C$ (4) $e^x + 3\cos x + C$

(5) $\frac{2}{3}x^{\frac{3}{2}} - 3x + C$ (6) $\frac{x^2}{2} + x - 3\ln x + \frac{3}{x} + C$ (7) $8x + x^2 - x^3 + C$ (8) $-\cos x - 2\sin x + C$

(9) $\tan x + \sec x + C$ (10) $3e^x - \arctan x + \frac{1}{x} + C$ (11) $3^x e^x (\ln 3 + 1) + C$ (12) $\frac{4}{7}x^{\frac{7}{4}} + C$

(13) $2x - 5 \cdot \frac{\left(\frac{2}{3}\right)^x}{\ln 2 - \ln 3} + C$ (14) $\tan x - x + C$

习题 3.2

1. (1) $\ln(1 + e^x) + C$ (2) $2\sin\sqrt{x} + C$ (3) $-\frac{1}{2}\sqrt{3 - 4x} + C$ (4) $-\frac{1}{202}(3 - 2x)^{101} + C$

(5) $-\frac{1}{2}(2 - 3x)^{\frac{2}{3}} + C$ (6) $\frac{1}{2}t + \frac{1}{12}\sin 6t + C$ (7) $-\frac{2^{-2x}}{\ln 2} + C$ (8) $\frac{1}{2}\sin(x^2) + C$

(9) $\frac{1}{2\sqrt{2}}\arctan(\sqrt{2}x^2) + C$ (10) $\frac{1}{6}\arctan\frac{3}{2}x + C$

2. (1) $(x^2 - 2x + 2)e^x + C$ (2) $x\arcsin x + \sqrt{1 - x^2} + C$ (3) $x^2 \sin x + 2x\cos x - 2\sin x + C$

(4) $\frac{1}{2}[(x^2 + 1)\ln(x^2 + 1) - x^2] + C$ (5) $2\sqrt{x}(\ln x - 2) + C$ (6) $2x\sin\frac{x}{2} + 4\cos\frac{x}{2} + C$

(7) $-\frac{1}{5}x(2 - x)^5 - \frac{1}{30}(2 - x)^6 + C$ (8) $x(\ln x)^2 - 2x\ln x + 2x + C$

(9) $3e^{\sqrt[3]{x}}(\sqrt[3]{x^2} - 2\sqrt[3]{x} + 2) + C$ (10) $\frac{1}{4}x^4 \ln x - \frac{1}{16}x^4 + C$

习题 3.3

1. (1) $-\ln 2$ (2) $45\frac{1}{6}$ (3) $\frac{1}{2}(\ln 3 - \ln 2)$ (4) $\frac{5}{2}$

习题 3.4

1.(1) $2(2-\ln 3)$ (2) $\frac{1}{4}$ (3) 0 (4) $\frac{51}{512}$ (5) $1-e^{-\frac{1}{2}}$ (6) $\frac{\pi}{6}-\frac{\sqrt{3}}{8}$ (7) $1-\frac{2}{e}$

(8) $\frac{\pi^2}{4}-2$ (9) 1 (10) $\left(\frac{1}{4}-\frac{\sqrt{3}}{9}\right)\pi+\frac{1}{2}\ln\frac{3}{2}$ (11) $2\left(1-\frac{1}{e}\right)$ (12) $\pi-2$

习题 3.5

1.(1) $e+\frac{1}{e}-2$ (2) 1 (3) $\frac{2}{3}-\ln 2$ (4) $\frac{4}{3}$ (5) $\frac{8}{3}$ (6) $\frac{32}{3}$

习 题 A

习题 4.1

1. $\frac{1}{4}, \frac{1}{2}$.

2.(1) $A\bar{B}\bar{C}$; (2) $A\cup B\cup C$; (3) $AB\cup AC\cup BC$; (4) $\bar{A}\,\bar{B}\,\bar{C}$.

3.0.9.

4. $\frac{15}{19}$ 5.0.2;   6.10%;0.8   7. $\frac{3}{5}$.

习题 4.2

1.(1) 0.2   (2) 0.1   2.0.1035

3.
X	3	4	5
P	0.1	0.3	0.6

4.(1) 0.4115   (2) 0.3704

5.(1) $P(X=k)=C_3^k 0.8^k 0.2^{3-k}$ $(k=0,1,2,3)$; (2) 0.104

6.(1) $\frac{3}{4}$; (2) $F(x)=\begin{cases}0, & x\leq 0,\\ \frac{1}{4}x^2, & 0<x<2,\\ 1, & x\geq 2\end{cases}$

7.(1) $\frac{2}{3}$ (2) 0.1317;0.0453

8.(1) 0.3085   (2) 0.0107   (3) 0.9893   (4) 0.7745

9.2.28%

习题 4.3

1.5.48 2.0.5 3.2.25 4.1.25；0.3125 5.应将钱存入银行

习题 4.4

1.8.95；0.84 2.(3085.50,3165.17)

习 题 B

习题 4.2

1.(1) $P(X \geq 200) = e^{-2}$ (2) 0.05.

习题 4.3

1.(1) $-\dfrac{1}{3}$ (2) $C = \dfrac{1}{9}, E(x) = -\dfrac{1}{3}$.

2. $E(x) = \dfrac{3}{2}, D(x) = \dfrac{27}{4}$.

3. $E(x) = \dfrac{3}{2}, D(x) = \dfrac{15}{28}$.

4. $E(x) = 1 - \dfrac{\pi}{2}, D(x) = \pi - 3$.

习 题 A

习题 5.1

1.(1) $\dfrac{\partial z}{\partial x} = y^3$ $\dfrac{\partial z}{\partial y} = 3xy^2$ (2) $\dfrac{\partial z}{\partial x} = ye^{xy} - \dfrac{y}{x^2}\cos\dfrac{y}{x}$ $\dfrac{\partial z}{\partial y} = xe^{xy} + \dfrac{1}{x}\cos\dfrac{y}{x}$

(3) $\dfrac{\partial z}{\partial x} = \dfrac{1}{y} - \dfrac{y}{x^2}, \dfrac{\partial z}{\partial y} = \dfrac{1}{x} - \dfrac{x}{y^2}$, (4) $\dfrac{\partial z}{\partial x} = y\cos xy, \dfrac{\partial z}{\partial y} = x\cos xy$

2. $f'_x(x,y) = 2xy; f'_y(x,y) = x^2 - 2; f'_x(2,3) = 12; f'_y(0,0) = -2$

3. $\dfrac{\partial^2 z}{\partial x^2} = 12x^2 - 8y^2$, $\dfrac{\partial^2 z}{\partial y^2} = 12y^2 - 8x^2$, $\dfrac{\partial^2 z}{\partial x \partial y} = -16xy$

习题 5.2

1.(1) 极小值 $f(2,2) = -8$, 极大值 $f(0,0) = 0$；(2) 极大值 $f(0,0) = 0$.

2. $\dfrac{a}{3}, \dfrac{a}{3}, \dfrac{a}{3}$

3.（1）$x=75, y=125$；（2）$x=0, y=150$.

习题 B

习题 5.1

1.（1）$\dfrac{\partial z}{\partial x}=\dfrac{-2y}{(x-y)^2}, \dfrac{\partial z}{\partial y}=\dfrac{2x}{(x-y)^2}$

（2）$\dfrac{\partial z}{\partial x}=y \cdot x^{y-1}, \dfrac{\partial z}{\partial y}=x^y \cdot \ln x$

（3）$\dfrac{\partial z}{\partial x}=7 \cdot (1+5y)^{7y} \cdot \ln(1+5y), \dfrac{\partial z}{\partial y}=35x \cdot (1+5y)^{7x-1}$

（4）$\dfrac{\partial z}{\partial x}=e^{y^2}, \dfrac{\partial z}{\partial y}=2xye^{y^2}$

（5）$\dfrac{\partial z}{\partial x}=\dfrac{-y}{x^2+y^2}, \dfrac{\partial z}{\partial y}=\dfrac{x}{x^2+y^2}$

（6）$\dfrac{\partial z}{\partial x}=2x\ln(x+y)+\dfrac{x^2}{x+y}, \dfrac{\partial z}{\partial y}=\dfrac{x^2}{x+y}$

（7）$\dfrac{\partial z}{\partial x}=\sin(xy)+xy\cos(xy), \dfrac{\partial z}{\partial y}=x^2\cos(xy)$

（8）$\dfrac{\partial z}{\partial x}=\dfrac{1}{\sqrt{1-(x-3y)^2}}, \dfrac{\partial z}{\partial y}=\dfrac{-3}{\sqrt{1-(x-3y)^2}}$

2. $\dfrac{\sqrt{2}}{2}, 0$

3.（1）$z''_{xx}=0, z''_{xy}=2\cos 2y, z''_{yy}=-4x\sin 2y$

（2）$z''_{xx}=\dfrac{2}{y}, z''_{xy}=-\dfrac{2x}{y^2}, z''_{yy}=\dfrac{2x}{y^3}$

（3）$z''_{xx}=\dfrac{-2x^2+6y}{(x^2+3y)^2}, z''_{xy}=\dfrac{-6x}{(x^2+3y)^2}, z''_{yy}=\dfrac{-9}{(x^2+3y)^2}$

（4）$z''_{xx}=y^4 e^{xy^2}, z''_{xy}=2y(1+x)e^{xy^2}, z''_{yy}=2x(1+2xy^2)e^{xy^2}$

（5）$z''_{xx}=e^x\cos y, z''_{xy}=3y^2-e^x\sin y, z''_{yy}=6xy-e^x\cos y$

（6）$z''_{xx}=\dfrac{xy^3}{(1-x^2y^2)^{\frac{3}{2}}}, z''_{xy}=\dfrac{1}{(1-x^2y^2)^{\frac{3}{2}}}, z''_{yy}=\dfrac{x^3 y}{(1-x^2y^2)^{\frac{3}{2}}}$

4. $0, 4+2e$

5. 略

6. 略

习题 5.2

1. (1) $f(1,-1) = 2$

   (2) $f\left(\dfrac{1}{2}, -1\right) = -\dfrac{e}{2}$

2. $z\left(\dfrac{4}{5}, \dfrac{2}{5}\right) = \dfrac{4}{5}$

3. $(1, -2, 3)$, $d_{min} = \sqrt{6}$

4. 劳动力为 225 单位,原料为 37.4 单位

习 题 A

习题 6.1

1. $A = \begin{bmatrix} 6 & 0 & 7 \\ 4 & 5 & 0 \end{bmatrix}$, $B = \begin{bmatrix} 2 & 4 & 6 \\ 3 & 0 & 9 \end{bmatrix}$, 总数 $\begin{bmatrix} 8 & 4 & 13 \\ 7 & 5 & 9 \end{bmatrix}$.

2. $A = (a_{ij}) = \begin{bmatrix} 0 & 1 & 1 & 1 \\ 0 & 0 & 1 & 0 \\ 0 & 0 & 0 & 0 \\ 0 & 0 & 1 & 0 \end{bmatrix}$

3. $\begin{bmatrix} 1 & 5 \\ 12 & 19 \end{bmatrix}$, $\begin{bmatrix} 9 & 23 \\ 20 & 17 \end{bmatrix}$.

4. $\begin{bmatrix} 7 & -2 \\ 15 & 7 \\ 2 & -1 \end{bmatrix}$, $\begin{bmatrix} 5 & 6 & -8 \\ -3 & 5 & 4 \end{bmatrix}$.

5. (1) $\begin{bmatrix} 5 & 6 \\ 11 & 12 \end{bmatrix}$ (2) $[10]$ (3) $\begin{bmatrix} 3 & 2 & 1 \\ 6 & 4 & 2 \\ 9 & 6 & 3 \end{bmatrix}$ (4) $\begin{bmatrix} 2 & 10 & 11 \\ -2 & 2 & 7 \end{bmatrix}$

6. $\begin{bmatrix} 3 & 5 & 6 \\ 2 & 4 & 8 \\ 4 & 5 & 5 \\ 4 & 3 & 7 \end{bmatrix} \begin{bmatrix} 600 \\ 500 \\ 200 \end{bmatrix} = \begin{bmatrix} 5500 \\ 4800 \\ 5900 \\ 5300 \end{bmatrix}$, 所以, B 工厂生产成本最低.

7. $X = \dfrac{1}{2} \begin{bmatrix} 11 & -1 & -7 \\ -6 & -2 & -7 \end{bmatrix}$.

习题 6.2

1. $A_{12} = 94, A_{23} = 42, A_{31} = 18$

2. (1) -12; (2) -31; (3) 18; (4) -3.

3. 96

习题 6.3

1. (1) 可逆, $\begin{bmatrix} 1 & 0 \\ -\dfrac{1}{2} & \dfrac{1}{4} \end{bmatrix}$ (2) 可逆, $\begin{bmatrix} 0 & 2 & -1 \\ -1 & 0 & 0 \\ 0 & -1 & 1 \end{bmatrix}$

2. (1) 不是, $\begin{bmatrix} 1 & 0 & 0 \\ 0 & 1 & 0 \\ 0 & 0 & 1 \end{bmatrix}$ (2) 是.

3. (1) 4 (2) 3

4. (1) $\begin{bmatrix} \dfrac{2}{3} & \dfrac{2}{9} & -\dfrac{1}{9} \\ -\dfrac{1}{3} & -\dfrac{1}{6} & \dfrac{1}{6} \\ -\dfrac{1}{3} & \dfrac{1}{9} & \dfrac{1}{9} \end{bmatrix}$ (2) $\begin{bmatrix} 7 & -3 & -3 \\ -1 & 1 & 0 \\ -1 & 0 & 1 \end{bmatrix}$

习题 6.4

1. (1) $\begin{cases} x_1 = -2+k \\ x_2 = 3-2k \\ x_3 = k \end{cases}$ $(k \in \mathbf{R})$ (2) 无解

(3) $\begin{cases} x_1 = \dfrac{19}{2} \\ x_2 = -\dfrac{3}{2} \\ x_3 = \dfrac{1}{2} \end{cases}$ (4) $\begin{cases} x_1 = k_1 - 2k_2 \\ x_2 = k_2 \\ x_3 = 0 \\ x_4 = k_1 \end{cases}$ $(k_1, k_2 \in \mathbf{R})$

2. $a = 0$, $\begin{cases} x_1 = -4k_2 - 1 \\ x_2 = k_1 \\ x_3 = k_1 - k_2 - 1 \\ x_4 = k_2 \end{cases}$ $(k_1, k_2 \in \mathbf{R})$

3. S 号 1 件, M 号 9 件, L 号 2 件, XL 号 1 件.

习题 B

习题 6.1

1.(1) $\begin{bmatrix} 6 & 2 & -2 \\ 6 & 1 & 0 \\ 8 & -1 & 2 \end{bmatrix}, \begin{bmatrix} 2 & 2 & -2 \\ 2 & 0 & 0 \\ 4 & -4 & -2 \end{bmatrix}, \begin{bmatrix} 8 & 1 & -2 \\ 5 & 0 & 1 \\ 8 & -1 & 2 \end{bmatrix}$

(2) $\begin{bmatrix} a+b+c & a^2+b^2+c^2 & b^2+2ac \\ a+b+c & b^2+2ac & a^2+b^2+c^2 \\ 3 & a+b+c & a+b+c \end{bmatrix}, \begin{bmatrix} b-ac & a^2+b^2+c^2-ab-b-c & 2ac+b^2-a^2-2c \\ c-bc & 2ac-2b & a^2+b^2+c^2-ab-b-c \\ 3-c/2-2a & c-bc & b-ac \end{bmatrix}$

$\begin{bmatrix} a+c+1 & a^2+bc+c & ac+bc+a \\ 2b+c & ab+b^2+c & bc+b^2+a \\ a+c+1 & ac+ab+c & c^2+ab+a \end{bmatrix}$

2.(1) $\begin{bmatrix} 7 & 4 & 4 \\ 9 & 4 & 3 \\ 3 & 3 & 4 \end{bmatrix}$ (2) $\begin{bmatrix} 1 & -2 \\ 4 & 0 \end{bmatrix}$ (3) 0 (4) $\begin{bmatrix} 2 & 3 & -1 \\ -2 & -3 & 1 \\ -2 & -3 & 1 \end{bmatrix}$

(5) $a_{11}x^2+(a_{12}+a_{21})xy+2b_1x+2b_2y+a_{22}y^2+C$

3.(1) $\begin{bmatrix} 9 & 2 & 0 \\ 5 & 5 & 10 \\ -1 & 2 & 5 \end{bmatrix}$ (2) $\begin{bmatrix} 0 & 0 \\ 0 & 0 \end{bmatrix}$

习题 6.2

1.(1) -4 (2) 8 (3) -48 (4) ab (5) 18 (6) 27 (7) $2(x+y)(xy-x^2-y^2)$
(8) 48 (9) 160 (10) x^2y^2 (11) 0

2.略

习题 6.3

1.当 $ad-bc \neq 0$ 时,A 可逆,$A^{-1} = \dfrac{1}{ad-bc}\begin{bmatrix} d & -b \\ -c & a \end{bmatrix}$

2. $\begin{bmatrix} \dfrac{13}{16} & -\dfrac{1}{8} \\ -\dfrac{5}{16} & \dfrac{3}{16} \end{bmatrix}, \begin{bmatrix} -\dfrac{3}{16} & \dfrac{7}{16} \\ -\dfrac{5}{8} & \dfrac{9}{8} \end{bmatrix}, \begin{bmatrix} -\dfrac{15}{8} & -\dfrac{17}{4} \\ \dfrac{5}{8} & \dfrac{7}{4} \end{bmatrix}$

3.（1）$\begin{bmatrix} 0 & \frac{1}{3} & \frac{1}{3} \\ 0 & \frac{1}{3} & -\frac{2}{3} \\ -1 & \frac{2}{3} & -\frac{2}{3} \end{bmatrix}$ （2）$\begin{bmatrix} 22 & -6 & -26 & 14 \\ -17 & 5 & 20 & -13 \\ -1 & 0 & 2 & -1 \\ 4 & -1 & -5 & 3 \end{bmatrix}$

4.（1）4 （2）3

习题 6.4

1.（1）无解 （2）$\begin{cases} x_1 = 362k_1 + 57k_2 - 59 \\ x_2 = k_1 \\ x_3 = k_2 \\ x_4 = 15 - 92k_1 - 15k_2 \end{cases}$ $k_1, k_2 \in \mathbf{R}$

2.当 $a=0, b=2$ 时线性方程组有解 $\begin{cases} x_1 = k_1 + k_2 + 5k_3 - 2 \\ x_2 = -2k_1 - 2k_2 - 6k_3 + 3 \\ x_3 = k_1 \\ x_4 = k_2 \\ x_5 = k_3 \end{cases}$ $k_1, k_2, k_3 \in \mathbf{R}$

3.当 $\lambda \neq 1, -2$ 时，有唯一解；当 $\lambda = -2$ 时，无解；

当 $\lambda = 1$ 时，有无穷多解，解为 $\begin{cases} x_1 = -k_1 - k_2 + 1 \\ x_2 = k_1 \\ x_3 = k_2 \end{cases}$ $k_1, k_2 \in \mathbf{R}.$

习题 7.1

1.（1）如图所示.

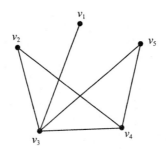

(2)邻接矩阵为 $\begin{bmatrix} 0 & 0 & 1 & 0 & 0 \\ 0 & 0 & 1 & 1 & 0 \\ 1 & 1 & 0 & 1 & 1 \\ 0 & 1 & 1 & 0 & 1 \\ 0 & 0 & 1 & 1 & 0 \end{bmatrix}$

(3) $\deg(v_1)=1, \deg(v_2)=2, \deg(v_3)=4, \deg(v_4)=3, \deg(v_5)=2.$

2. 邻接矩阵为 $\begin{bmatrix} 0 & 1 & 0 & 0 & 0 \\ 0 & 0 & 1 & 0 & 0 \\ 0 & 0 & 0 & 1 & 1 \\ 1 & 1 & 0 & 0 & 0 \\ 1 & 0 & 0 & 0 & 0 \end{bmatrix}$

$\deg^+(v_1)=1 \quad \deg^-(v_1)=2$
$\deg^+(v_2)=1 \quad \deg^-(v_2)=2$
$\deg^+(v_3)=2 \quad \deg^-(v_3)=1$
$\deg^+(v_4)=2 \quad \deg^-(v_4)=1$
$\deg^+(v_5)=1 \quad \deg^-(v_5)=1$

3. 权接矩阵为 $\begin{pmatrix} 0 & 6 & 7 & 2 \\ 6 & 0 & 5 & \infty \\ 7 & 5 & 0 & 3 \\ 2 & \infty & 3 & 0 \end{pmatrix}$

习题 7.2

(略)

习题 7.3

(略)

参 考 文 献

[1] 侯谦民.高职应用数学[M].武汉:华中科技大学出版社,2011.
[2] 雷田礼.经济与管理数学[M].北京:高等教育出版社,2008.
[3] 陈笑缘.经济数学[M].北京:高等教育出版社,2009.
[4] 康永强.应用数学与数学文化[M].北京:高等教育出版社,2011.
[5] 侯风波.应用数学(经济类)[M].北京:科学出版社,2007.
[6] 曾庆柏.应用高等数学[M].北京:高等教育出版社,2008.
[7] 黄晓东.应用经济数学[M].大连:大连理工大学出版社,2010.
[8] 谢季坚.李启文.大学数学:微积分及其在生命科学、经济管理中应用[M].北京:高等教育出版社,2009.
[9] 李伶.应用数学[M].北京:高等教育出版社,2013.

图书在版编目(CIP)数据

应用数学/陶燕芳,胡芬主编.—武汉:武汉大学出版社,2014.8(2022.8重印)
高职院校公共课系列"十二五"规划教材
ISBN 978-7-307-13721-9

Ⅰ.应… Ⅱ.①陶… ②胡… Ⅲ.应用数学—高等职业教育—教材 Ⅳ.O29

中国版本图书馆 CIP 数据核字(2014)第 150492 号

责任编辑:林 莉　　责任校对:汪欣怡　　版式设计:韩闻锦

出版发行:**武汉大学出版社**　(430072　武昌　珞珈山)
　　　　　(电子邮箱:cbs22@whu.edu.cn　网址:www.wdp.com.cn)
印刷:武汉中科兴业印务有限公司
开本:787×1092　1/16　印张:13.25　字数:267 千字　插页:1
版次:2014 年 8 月第 1 版　　2022 年 8 月第 9 次印刷
ISBN 978-7-307-13721-9　　定价:39.00 元

版权所有,不得翻印;凡购我社的图书,如有质量问题,请与当地图书销售部门联系调换。